职业技能鉴定指导

机修钳工

（初级　中级　高级）

劳动和社会保障部教材办公室组织编写

中国劳动社会保障出版社

图书在版编目(CIP)数据

机修钳工：初级　中级　高级/劳动和社会保障部教材办公室组织编写．—北京：中国劳动社会保障出版社，2003

职业技能鉴定指导

ISBN 7-5045-4023-4

Ⅰ．机…　Ⅱ．劳…　Ⅲ．机修钳工-职业技能鉴定-自学参考资料　Ⅳ．TG947

中国版本图书馆 CIP 数据核字(2003)第 071415 号

中国劳动社会保障出版社出版发行

（北京市惠新东街 1 号　邮政编码：100029）

出　版　人：张梦欣

*

北京玥实印刷有限公司印刷装订　新华书店经销

787 毫米×1092 毫米　16 开本　11.25 印张　278 千字

2003 年 12 月第 1 版　2020 年 8 月第 16 次印刷

定价：16.00 元

读者服务部电话：(010) 64929211/84209101/64921644

营销中心电话：(010) 64962347

出版社网址：http://www.class.com.cn

前　言

实行职业资格证书制度是国家提高劳动者素质、增强劳动者就业能力的一项重要举措。为了在机修钳工从业人员中推行职业资格证书制度，劳动和社会保障部颁布了机修钳工职业的《国家职业标准》（以下简称《标准》）。以贯彻《标准》、服务培训、规范技能鉴定为目标，劳动和社会保障部中国就业培训技术指导中心按照标准—教材—题库相衔接的原则，根据《标准》的要求，组织编写了专用于国家职业技能鉴定培训的机修钳工职业《国家职业资格培训教程》（以下简称《教程》）。

作为职业技能鉴定的指定辅导用书，《教程》的出版引起了社会有关方面的广泛关注，特别受到职业培训机构和应试人员的重视。为了进一步满足培训单位和应试人员的需求，劳动和社会保障部教材办公室、中国劳动社会保障出版社依据《标准》和《教程》内容组织参与《标准》制定、《教程》编写、题库开发的有关专家编写了《职业技能鉴定指导——机修钳工（初级　中级　高级）》（以下简称《指导》）作为该职业《教程》的配套用书，推荐使用。《指导》遵循“考什么、编什么”的原则编写，通过对《教程》内容的细化和完善，力求达到联系培训与考核，为培训教学提供训练素材，为应试者提供检验标准的目的。依据《教程》的内容，《指导》按照初级、中级、高级三部分设置了学习要点、知识试题、技能试题及参考答案等内容，并配有知识考核模拟试卷，以方便应试者了解鉴定的形式和难度要求。

《职业技能鉴定指导——机修钳工（初级　中级　高级）》由孙彬年、刘禄元、吴茂龙（中国一拖集团有限公司）编写，孙彬年主编。

编写《指导》有相当的难度，是一项探索性工作。由于时间仓促，缺乏经验，不足之处在所难免，恳切欢迎各使用单位和个人提出宝贵意见和建议。

劳动和社会保障部教材办公室

目　录

第一部分　初级机修钳工

第二部分　中级机修钳工

第三部分　高级机修钳工

第一部分 初级机修钳工

一、学习要点

表Ⅰ—1

工作内容	序号	学习要点	重要程度
劳动保护与作业环境准备	1	机修钳工安全操作规程	掌握
	2	起重设备安全操作规程	熟悉
	3	设备维修安全技术规程	熟悉
	4	钻床安全操作规程	掌握
	5	常用工具的安全使用	了解
	6	常用设备的安全操作规程	熟悉
技术准备	1	设备的分类、型号及复杂系数	熟悉
	2	设备说明书的阅读	掌握
	3	设备作业计划书的内容及编制	了解
	4	设备的修理分类、组织形式	熟悉
	5	设备修理工艺	掌握
	6	设备修理操作规程	掌握
	7	常用机械连接	了解
	8	密封件	了解
物料、工具准备	1	设备润滑材料的选用原则	掌握
	2	设备润滑材料的品种、使用及工具	掌握
	3	设备润滑作业计划	熟悉
	4	设备安装用材料及B2020的安装	了解
	5	设备修理常用工、夹、量具的保管、维护	掌握
	6	CA6140卧式车床修理用工、夹、量具的准备	了解
设备搬迁、安装、调试	1	设备的安装程序及工作内容	掌握
	2	起重机械、工具的使用	熟悉
	3	常用的设备安装材料	了解
	4	设备的安装及基础灌浆技术	掌握
	5	设备的安装地基的养护	熟悉

续表

工作内容	序号	学习要点	重要程度
设备润滑、保养和维修	1	设备的润滑作业内容	掌握
	2	设备的润滑作用、形式及分类	掌握
	3	润滑装置的清洗	了解
	4	设备的密封、密封件及治漏	熟悉
	5	设备的保养及操作规程	掌握
设备中修（项修）、大修及精化	1	设备拆卸前的准备及方法	了解
	2	设备装配前的准备、装配顺序及要求	熟悉
	3	刮削的方法、余量及显示剂	掌握
	4	原始平板的刮研	熟悉
	5	设备几何精度（如直线度、平行度、垂直度）的测量	掌握
	6	减速器、离心泵的修理	了解
设备外观检查	1	安装基础的检查	熟悉
	2	地脚螺栓、垫铁紧固质量检查	掌握
	3	设备的日常保养、点检与巡检	熟悉
	4	设备外观检查的规范及标准	掌握
设备几何精度检查（静态检查）	1	设备几何精度检查所用的工具及仪器	熟悉
	2	立柱相对于工作台面垂直度的检查	掌握
	3	两部件移动垂直度的检查	掌握
	4	主轴中心线相对于工作台面平行度、垂直度的检查	掌握
	5	主轴回转精度的检查	掌握
设备运行检查（动态检查）	1	设备空运转试验规程	掌握
	2	设备空运转试验的故障排除	掌握
	3	M131W 万能外圆磨床的操作规程	熟悉
	4	M131W 万能外圆磨床的常见故障	熟悉
	5	Y54 插齿机操作规程	熟悉
	6	Y54 插齿机的常见故障	熟悉

二、知 识 试 题

（一）判断题 下列判断题中正确的请打“√”，错误的请打“×”。

1．在使用电动工具时，只需戴好绝缘手套。 （ ）

2．钻孔快钻透时，应用最小进给量的自动进给，以防止工件随钻头转动和扭断钻头。 （ ）

3．严禁戴手套操作钻床，未停车前不允许用手捏钻夹头，钻头上的长铁屑在停车时可用铁钩清除。 （ ）

4．起重设备的起重物都有保险系数，所以可以起吊120%的额定起吊重量。 （ ）

5．起重设备在作业前，必须检查其受力件是否损坏，制动器是否可靠，传动部分是否润滑。 （ ）

6．砂轮机的砂轮旋向，只能使磨屑向下飞离砂轮，托架与砂轮应保持3 mm的距离。 （ ）

7．台虎钳的规格用夹持工件的长度表示，常用的规格有100 mm、125 mm、150 mm等。 （ ）

8．钻床可分为台式钻床、立式钻床和摇臂钻床。钻床是以手动、自动进给来进行钻、扩、锪、铰孔和攻螺纹工作的机床。 （ ）

9．严禁戴手套操作台式钻床、立式钻床、摇臂钻床、手电钻、电磨头。 （ ）

10．设备常用的拆卸方法有击卸法、拉拔法、顶压法、温差法和破坏法。 （ ）

11．金属切削机床的分类代号在类代号之后，主参数在系代号之后。 （ ）

12．设备型号构成中，一般是每类分10个组，每组分10个系列。 （ ）

13．传动链反映的是主动运动或从动运动的电动机到末端传动元件的传动比。 （ ）

14．液压系统管路图是现场施工图，它反映了油路对各液压元件的连接位置和形式，反映出液压元件的型号及性能。 （ ）

15．设备的电气操作部分是开关和按钮。 （ ）

16．制订设备作业计划书的最终目标就是保证合同规定的修理质量（包括改装），满足托修单位的技术要求。 （ ）

17．设备作业计划书可采用“网络计划”等形式。 （ ）

18．设备项目修理的确认，应特别注意此项目对相连接或相关部件及精度项目的影响。 （ ）

19．制造厂承修自产设备的优越性是：修理质量容易保证、周期短、成本低。 （ ）

20．企业内部的集中式修理生产组织形式是指下属单位集中修理队伍的修理生产。 （ ）

21．设备修理工艺即修理工艺规程，分典型修理工艺和专用修理工艺。 （ ）

22．没有通用设备的专用修理工艺，只有同一型号设备的专用修理工艺。 （ ）

23. 设备大修的最终目标是几何精度的恢复。 ( )

24. 设备大修后的试车验收包括空运转试车和工件精度试车。 ( )

25. 设备复杂系数是表示设备复杂程度的一个量。 ( )

26. 普通螺纹公差与配合标准示例 M24×2-GH/5 g 6 g，其中“GH”为内螺纹中径和小径公差带，“5 g”“6 g”分别为外螺纹中径和大径公差带。 ( )

27. 矩形花键连接中，大径定心的内花键，其定心配合以“D”表示。 ( )

28. 滚子式超越离合器的最大特点就是外环与星体可以互为主动、被动旋转。 ( )

29. 焊接的方法主要是熔化焊和压力焊，手工电弧焊属于压力焊。 ( )

30. 不同的金属材料要用相对应的不同的焊接材料。 ( )

31. 镍基铸铁焊条，如铸 408 使用前应在 150~250℃的温度下烘干，保温 12 h 才能使用。 ( )

32. 设备的密封功能就是阻止流体的泄漏。 ( )

33. 防止设备泄漏的方法是堵漏。 ( )

34. 当被润滑的运动件的运动速度较高时，选用润滑脂。反之，则选用润滑油。 ( )

35. 当设备的工作温度超过 120℃时，要选用特殊的润滑脂。 ( )

36. 普通的设备工作载荷，润滑油和润滑脂都可以选用。 ( )

37. 常用的润滑油品种有全损耗系统用油、普通液压油、导轨油、轴承油、普通工业齿轮油。 ( )

38. 卧式车床所用的润滑油，一年四季均是 L-AN46 或相应牌号的普通液压油。 ( )

39. 普通液压油是机械油的变称。 ( )

40. 我国润滑油的黏度大多数采用运动黏度来表示。 ( )

41. 设备的润滑作业计划内容包括设备的定期清洗、换油计划和设备润滑定时、定点检查计划。 ( )

42. 一般维护用油量按设备复杂系数和每个工作日设备的耗油量计算。 ( )

43. 设备安装用的低压流体输送镀锌焊接钢管，由于是焊接而成，使用时不能弯曲。管道需转弯时可采用三通、四通或变径管接头连接或焊接。 ( )

44. B220 龙门刨床和桥式起重机的安装都包括出库运输、开箱清洗、就位拼装、精平灌浆、试车验收五个步骤。 ( )

45. 除桥尺以外的长条状或长轴类工、量具应垂直吊挂。 ( )

46. 使用完后的工、检、量具必须完好，并擦拭干净才能入库。 ( )

47. 机械设备的安装垫铁主要用于支撑，而地脚螺栓则用于固定。 ( )

48. 设备的安装放线，是根据施工平面图在基础上画出设备的纵、横中心线和其他基准线。 ( )

49. 起重杆（也称抱杆）的材质、截面尺寸、断面的几何形状完全相同，但起重杆的高度与承载能力成正比，高度越高，承载能力越大。 ( )

50. 使用绞磨机时，用人力拉住退出的一端，卷筒上的绳子圈数越多，所用拉力越小。 ( )

51．设备基础灌浆时，应分层捣实，并应保持连续浇灌，浇灌时间不得超过 1～1.5 h。（ ）

52．设备安装完毕，且精度校准合格后，必须在 12 h 内完成灌浆工作。（ ）

53．设备在安装、灌浆工作完成后，应经过 15～30 天的养护，才能进行试运转。（ ）

54．在加工铸铁材料前，应将卧式车床导轨面上的润滑油擦拭干净。（ ）

55．启动卧式车床时要注意检查溜板箱油窗中是否有润滑油。（ ）

56．对金属材料没有腐蚀作用的润滑剂可以隔绝摩擦表面的水和有害介质对金属表面的侵蚀。（ ）

57．润滑油的作用之一是密封。（ ）

58．经常清洗油绳、油毡可以防止残留脏物堵塞羊毛纤维间的空隙，使其润滑性能下降。（ ）

59．油绳或油毡只能使用全羊毛制品，不能使用合成纤维或混纺制品。（ ）

60．迷宫密封是利用配合件的间隙对油流动的阻力来减少漏油的。（ ）

61．抛甩治漏方法的原理是截流抛甩，使油不能流向泄漏处，如在轴承附近加接油盘等。（ ）

62．设备的日常维护保养工作是由当班操作人员和润滑人员共同完成的。（ ）

63．设备发生事故后，应保护好现场，并为分析事故提供准确真实的资料。（ ）

64．设备零部件的拆卸顺序一定要与装配顺序相同。（ ）

65．精密零件（主轴、丝杠、蜗杆副等）拆卸后必须注意放置方法，以免因零件变形、磕碰而丧失精度。如丝杠必须采用专用放置胎具。（ ）

66．部件装配完毕，在几何精度验收后还要进行试验，如空运转试验，有的还要进行负荷试验、平衡试验、压力试验等。（ ）

67．在设备装配和调整时，只有正确的测量方法才能为精度测量提供准确、可靠的数据。（ ）

68．机修钳工刮削技术水平的高低，反映在以最少的刮研遍数达到各种刮削要求上。（ ）

69．刮削余量的合理规定，主要和刮削的面积有关。（ ）

70．刮刀在刀刃的作用下，做前后直线运动进行切削，也可进行旋转挤压切削。（ ）

71．用于有色金属件的显示剂，常用的是蓝油，它是由氧化铅粉用 N46 机油调制而成的。（ ）

72．三块原始平板刮研的原则是：三块平板互为刮研基准面，以其中一块为基准面，去刮削其他两块平板，并循环进行，直至达到精度标准。（ ）

73．较大平板长期放置时，采用三点定位的支撑比较可靠，变形最小。（ ）

74．三块原始平板的刮研方法也可推广到其他三件原始平尺、桥尺等的刮研。（ ）

75．线值法和角值法在直线度、平行度、垂直度的测量中，其精度要求和标注都一样。（ ）

76．利用水平仪测量导轨直线度时，若以气泡在中间位置为零，则是绝对水平；若以第一位置气泡读数为零，则是相对水平。（ ）

77. 离心泵的扬程降低的主要原因之一是空气进入泵内或液体泄漏，即密封不好。 ( )

78. 离心泵的试验，首先是将泵体内注满液体，然后就可以进行试验。 ( )

79. 基础施工交付验收是在土建单位在基础的一次灌浆完成后进行的。 ( )

80. 基础混凝土的强度是以土建单位提交的实验报告为依据的。 ( )

81. 安装的一次灌浆法是将地脚螺栓预先埋在基础内，达到设备地脚尺寸要求。( )

82. 设备运行时常产生较强连续振动，承受主要负荷的垫铁组只能采用斜垫铁。( )

83. 设备找平后，平垫铁应露出底座外缘 25 ~ 30 mm，伸入设备内长度应超过地脚螺栓中心。 ( )

84. 成对斜垫铁组的使用，正确的组合应是组成平垫铁状，但可调高低。 ( )

85. 设备的定期检查是维修人员指导操作人员进行的工作。 ( )

86. 设备的点检是由操作人员和维修人员按设备点检表所规定的每天检查项目共同完成的。 ( )

87. 设备冷却循环水路系统无直线状漏水即为完好。 ( )

88. 设备油泵、油路，在开车检查时，若出现油泵工作不正常或油路不畅均为不完好。 ( )

89. 采用直尺（平尺、桥尺等）测量导轨的直线度时，导轨长度一般不超过 3 m。 ( )

90. 平板和直尺的精度等级都是 000、00、0、1、2、3 级。 ( )

91. 框式水平仪的气泡长度会随温度的变化而改变。 ( )

92. 立式车床的立柱导轨面相对于工作台面垂直度的测量，其误差是两个位置水平仪读数的代数和。 ( )

93. 摇臂钻床立柱相对于底座的垂直度应该由相交 90°的两个方向的垂直度来表示，表示立柱对底座是前、后倾，还是向两侧倾斜。 ( )

94. 牛头刨床横梁与滑枕移动方向的垂直度的测量，在计算时，特别要注意测得的 a_1 和 b_1 的误差值方向，以判断是大于还是小于 90°。 ( )

95. 测量牛头刨床滑板移动方向相对于滑枕移动方向的垂直度时，首先要将千分表固定在滑枕上。 ( )

96. 测量卧式车床主轴锥孔中心线相对于机床导轨平行度时，将主轴随心棒旋转 90°共测量四次，主要是为了消除心棒的制造误差。 ( )

97. 测量摇臂钻床主轴中心线相对于底座工作面的垂直度时，必须在纵、横两个位置进行检查。 ( )

98. 滚齿机工作台定位孔中心线的径向圆跳动的测量方法与卧式车床主轴锥孔中心线的径向圆跳动的测量方法完全一样。 ( )

99. 滚齿机工作台面的端面圆跳动的测量方法是将千分表测头压在工作台面边缘处，回转工作台，其读数最大差值即是端面圆跳动误差值。 ( )

100. 设备空运转试验前，允许局部运转，以使设备部件预先润滑。 ( )

101. 对设备的交换齿轮、带传动和无级变速机构进行速度的空运转试验时，应做最低速和最高速试验，最高速转动时间不少于 15 min。 ( )

102．设备空运转试验要求主轴在最高转速转动 10 min 后，滑动轴承的温度不高于 60℃，温升不超过 30℃。（ ）

103．设备空运转试验的目的是检查设备的装配质量和运行状况。若需停车调整或修理，必须在调整和故障排除后才能继续试验，有连续时间要求的设备，空运转试验应从头开始。（ ）

104．设备液压系统的油缸或油路内充有空气，会产生噪声。（ ）

105．排除设备的旋转机构所产生的噪声时，要在传动系统中找出产生噪声的公用传动元件，即噪声源。（ ）

106．M131W 万能外圆磨床磨削外圆的最大直径为 ϕ315 mm，磨削内孔的最大直径为 ϕ125 mm，磨削内、外圆的最小直径均为 ϕ8 mm。（ ）

107．操作 M131W 万能外圆磨床时，应先启动液压系统，再启动砂轮电动机。若砂轮电动机启动不了，应首先检查液压系统的油压是否达到 90～110 Pa，再检查其他部分。（ ）

108．M131W 万能外圆磨床常见的磨削故障是波纹，它是机床综合技术性能在工件上的反映。除了机、电、液影响外，其他如砂轮、冷却、工艺、操作等也会对其产生影响。（ ）

109．M131W 万能外圆磨床磨削外圆表面出现鱼鳞波纹的主要原因是砂轮主轴径向跳动太大。（ ）

110．Y54 插齿机的工件运动，一是刀具转两周，工件转一周的回转运动；一是工件的让刀运动。（ ）

111．Y54 插齿机操作程序中，分齿挂轮的调整必须使公式 $\frac{a}{b} \times \frac{c}{d} = 2.4 \frac{z_{刀}}{z}$ 两端数值相等，挂轮选择才正确。（ ）

112．Y54 插齿机加工齿轮时，要求刀具回转方向和工件的回转方向对于内、外齿加工是一样的。（ ）

113．Y54 插齿机加工齿轮时，机床、工件、刀具的安装误差，刀具的几何形状误差对齿轮精度影响很大。（ ）

114．Y54 插齿机加工齿轮的齿向误差与机床的分齿机构、分齿与滚切传动链的传动精度有很大关系。（ ）

（二）单项选择题 下列每题中有多个选项，其中只有 1 个是正确的，请将正确答案的代号填在横线空白处。

1．机修钳工使用的手持照明灯，电压必须要低于______V。

A．24 B．36 C．124 D．220

2．起吊和搬运重物时，应遵守______安全操作规程。

A．搬运工 B．起重工 C．操作工 D．机修钳工

3．常用的起重千斤顶，适用于升降高度小于______mm 的重物。

A．300 B．400 C．450 D．500

4．操作手拉葫芦时，操作者应与手拉链条______拽动手拉链条。

A．成 8° B．成 15° C．成 30° D．在同一平面内

5．拆修高压容器时，须先打开所有的______。

A．开关阀　B．压力阀　C．放泄阀　D．安全阀

6．根据装配图确定轴的正确拆出方向，一般拆出总是从花键轴的______开始。

A．不通端　B．小端　C．大端　D．花键端

7．摇臂钻床开始工作后，主轴箱应靠近立柱，摇臂应在立柱的______位置，均应夹紧。

A．1/3 处　B．1/2 处　C．最低　D．最高

8．台虎钳的规格常以______表示。

A．钳口开口长度　B．钳口宽度　C．虎钳高度　D．虎钳深度

9．砂轮机托架和砂轮之间的距离应保持在______mm 内。

A．3　B．4　C．5　D．6

10．使用电磨头前，最好进行______min 的空运转，以检查电磨头运转是否正常。

A．1～2　B．2～3　C．3～4　D．4～5

11．在使用扳手时，不允许用套管任意加长手柄，以免______过大而损坏扳手或螺钉。

A．拧紧力　B．拧紧强度　C．拧紧力矩　D．拧紧变形

12．轴的拆卸，要根据______来确定正确的拆卸方向。

A．零件图　B．结构图　C．传动图　D．装配图

13．设备型号的构成有______项内容。

A．8　B．9　C．10　D．12

14．机床的结构特性代号，不能用通用特性代号已用过的字母和"______"。

A．M、N　B．L、O　C．T、Q　D．I、W

15．设备的说明书是一种指导性的技术文件，按其要求和内容就可以完成设备的______。

A．安装和试车　B．试车和投入生产

C．试车和维护　D．投入生产和正常生产

16．液压传动系统反映的是从动力源到执行元件，即______油路中控制阀的动作。

A．电动机→油缸　B．电动机→工作台

C．油泵→油缸　D．油泵→工作台

17．设备的电气技术，主要是将动力源通过电线与各电气元件和组件连接，以______来控制设备各运动件的机械运动。

A．电流或电压　B．强电或弱电

C．交流电或直流电　D．通电或断电

18．设备修理作业计划书的最终目标是______。

A．保证几何精度和技术要求　B．保证修理质量和降低成本

C．保证修理质量和修理周期　D．控制修理节点，确保修理周期

19．作业计划书的核心部分是修理过程中保证各个节点所需要的______。

A．备件和材料　B．人工和材料　C．人工和备件　D．人工和作业天数

20．设备维修的目的是排除临时故障，恢复设备______的活动。

A．正常生产　B．加工性能　C．技术性能　D．工作指标

21．制造厂承修自产设备，其修理质量容易保证，主要在于______。

A．人员和设备的自身优势　B．管理和技术的自身优势

C．设备和技术的自身优势　　D．技术和备件的自身优势

22．专用修理工艺经过两、三次大修的______后，也可经修改、完善成为典型工艺。

A．统计　B．总结　C．验证　D．工艺

23．设备修理工艺具体规定了设备的______、修理方法和技术要求。

A．修理精度　B．修理程序　C．修理目标　D．修理项目

24．龙门刨床工作台与床身的配刮质量，关键在于______。

A．工作台的几何精度　B．床身的几何精度

C．地基的技术要求　D．床身的安装精度

25．设备大修后的工作精度试车，主要以______表示。

A．几何精度　B．机床性能　C．工件精度　D．机床故障

26．设备复杂系数是制订设备管理和修理工作各种______的依据。

A．标准　B．定额　C．费用　D．指标

27．用于螺纹密封的管螺纹 R_c 1/2—LH 中"R_c"的名称及牙型角度为______。

A．圆锥管螺纹（60°）　B．圆锥管螺纹（55°）

C．圆柱管螺纹（60°）　D．圆柱管螺纹（55°）

28．过盈连接利用的是材料的______在包容件和被包容件配合表面产生压力的原理。

A．塑性　B．刚性　C．弹性　D．韧性

29．片式摩擦离合器传递扭矩的大小主要与摩擦片的______有关。

A．压力、大小和平面度　B．压力、表面粗糙度和平面度

C．压力、刚性和平面度　D．压力、弹性和平面度

30．铆接中的热铆是将直径大于 10 mm 的钢铆钉加热到______℃进行的。

A．600～800　B．800～1 000　C．1 000～1 100　D．1 100～1 200

31．铸铁的冷焊是铸铁的整体温度不大于______℃的焊接工作。

A．150　B．180　C．200　D．250

32．焊接铸件裂缝，在施焊时要开坡口，为减少铸件残余应力，可在坡口两侧开几条与裂纹方向______的小槽。

A．成 10°　B．相同　C．垂直　D．相交

33．通常按密封部件的特点和密封的______，把密封分为动密封和静密封两大类。

A．方法　B．材料　C．机理　D．作用

34．应用______堵漏是最常见、最主要的堵漏方法之一。

A．高科技密封材料　B．最佳密封方法　C．密封技术　D．疏导技术

35．能______的介质就可以作为润滑材料。

A．提高耐磨性　B．降低摩擦阻力　C．降低运动机理　D．提高力学性能

36．采用润滑脂润滑时，由于它的转矩损失较大，所以填装量一般不超过运动体空间容积的______。

A．1/4　B．1/3　C．1/2　D．3/5

37．滑动轴承径向间隙在 0.01～0.03 mm 时，应选用______号轴承油。

A．3　B．5　C．7　D．10

38．钙基润滑脂具有良好的抗水性和胶体安定性，适用于工作温度不超过______℃的一

般机械设备润滑。

A．55　B．60　C．70　D．80

39．坐标镗床是精密机床，所以它的导轨润滑常采用______号导轨油。

A．32　B．68　C．100　D．150

40．开启轻油，特别是汽油桶盖时，必须使用______扳手。

A．钢　B．铁　C．铜　D．铝

41．新设备或大修后的设备，第一次清洗换油应在设备开始工作后的______左右。

A．一周　B．两周　C．一个月　D．两个月

42．制订的设备润滑定点检查计划一般要与设备的______计划合并进行。

A．维修　B．点检　C．小修　D．中修

43．设备的润滑油需定期添加，一般单班制生产，每月添加油量应是油箱总油量的______。

A．3%～5%　B．5%～8%　C．8%～10%　D．10%～15%

44．冷拔无缝钢管具有较小的外径尺寸公差，所以它是______式管接头的首选连接钢管。

A．球头　B．卡套　C．锥度　D．螺纹

45．使用工业用橡胶板放置精密的零部件，可以避免零部件的磕碰伤，而且还可防止金属表面的______。

A．氢化　B．锈蚀　C．变形　D．化学腐蚀

46．根据检验精度的要求，检验时应选用______的平板、直尺、角度尺等工具。

A．相对应精度等级　B．参照精度等级

C．高一级精度等级　D．稍低精度等级

47．CA6140 卧式车床精度检测心棒共用了______次。

A．8　B．10　C．12　D．14

48．用于地脚灌注的混凝土，其标号与基础混凝土的标号相比要______。

A．低一个标号　B．相同　C．高一个标号　D．高两个标号

49．重型机械设备在安装前都要对基础进行预压，预压重量是设备自重加允许最大工件重量和的______倍，压至基础不下沉为止。

A．1　B．1.5　C．2　D．2.5

50．6 根绳子的三三滑轮组，提升重物为 300 kg，提升重物的拉力为______ kg。

A．300　B．150　C．100　D．50

51．以滑轮起吊重物，钢丝绳直径按重物选定，滑轮的直径一般为钢丝绳直径的______倍。

A．8　B．10　C．12　D．16

52．安装重、大型设备时，常用经______处理的枕木。

A．烘干　B．防腐　C．加固　D．加压

53．钢筋在混凝土中，主要配制在受压弯曲或偏心受压时，结构承受______的部分。

A．压应力　B．拉应力　C．抗拉强度　D．抗压强度

54．B220 龙门刨床开箱后，其金属表面的防锈油涂层的清洗，一般采用加热到

______℃的碱性清洗剂。

A．40～60　B．60～90　C．80～100　D．100以上

55．机床安装程序中的划线定位，是在基础上划出机床的中心线，复查地脚螺栓孔的位置和各平面的______是否符合地基图。

A．尺寸　B．位置　C．标高　D．平行

56．机床的安装垫铁叠加不得超过三块，一般将厚垫铁放在下面，薄垫铁放在上面，最薄的垫铁放在______。

A．最上面　B．最下面　C．中间

57．设备的灌浆一般宜用______混凝土。

A．细碎石　B．中碎石　C．粗碎石　D．中砾石

58．机械设备基座下面的灌浆层需要承受载荷时，其厚度不小于______mm，并捣实，接触面不允许有间隙。

A．20　B．25　C．30　D．40

59．设备基础浇灌后，至少要养护______天才能安装设备。

A．3～5　B．5～7　C．7～14　D．15～30

60．当设备在基础上安装完毕后，至少要经过______天的凝固，才能进行运转。

A．7～14　B．15～30　C．30～35　D．40天以上

61．压配式压注油杯润滑主要压注______。

A．气体润滑剂　B．润滑油　C．润滑脂　D．固体润滑剂

62．油绳润滑是利用______原理。

A．吸油　B．顺流　C．毛细管　D．引导

63．C620—1卧式车床主轴箱的润滑是油泵循环式，其油泵为______。

A．叶片泵　B．齿轮泵　C．螺旋泵　D．单柱塞泵

64．润滑脂是介于液体和固体之间的一种______状态的半固体物质。

A．塑性　B．弹性　C．膏脂　D．半流体

65．静压润滑是将具有一定______的润滑油施加到运动摩擦副的摩擦表面间隙中的润滑方式。

A．流量　B．压力　C．刚性　D．体积

66．弹性流体动力润滑是______世纪中期才发展起来的新型润滑方式。

A．18　B．19　C．20　D．21

67．润滑系统的清洗可选用L—AN15或L—AN22全损耗系统用油，若再加热到______℃，其效果会更好。

A．20～30　B．40～50　C．50～60　D．60～70

68．线隙式滤油器的过滤材料常用______。

A．毛线或丝线　B．铜丝或铝丝　C．铁丝或钢丝　D．铂丝或铅丝

69．带有唇口密封的旋转轴密封件称为油封，它是由______制成的。

A．耐油橡胶材料　B．石墨密封材料

C．塑料密封材料　D．天然橡胶材料

70．回转运动的毡圈密封，毡圈装在斜度为4°的梯形槽中，轴和壳体孔之间应有______

mm 的间隙。

A．0.15～0.25　B．0.25～0.4　C．0.4～0.5　D．0.5～0.7

71．浸渍石墨材料可制成______密封的软环或密封带。

A．旋转轴　B．端面　C．径向　D．直线运动

72．设备的日常保养是由______进行的。

A．当班操作人员　B．润滑工　C．机修人员　D．维修电工

73．设备的操作规程是操作人员______必须遵守的规程。

A．检查设备　B．操作设备　C．维护设备　D．保养设备

74．采用加热拆卸法时，一般不使材料硬度减弱的温度应控制在______℃以下。

A．150　B．200　C．250　D．300

75．设备拆卸时，不管是采用哪种方法，为保护被拆零件表面不被损坏，一般采取______的方法。

A．控制施加力　B．控制施加力位置　C．加过渡轴或套　D．加隔板

76．设备装配前应确定装配程序和方法，主要依据______进行。

A．作业计划书　B．技术任务书　C．修理工艺　D．精度标准

77．设备部件装配时，其零件及装配规范、技术要求都应该达到标准，同时还要达到设备修理的______。

A．精度标准　B．通用技术标准　C．装配精度标准　D．尺寸链精度标准

78．粗刮前的机械加工，除留合理的刮削余量外，表面粗糙度一般要求不低于______μm。

A．0.8　B．1.6　C．3.2　D．6.3

79．平面的精刮接触精度一般要达到______点/25 mm×25 mm。

A．6～10　B．10～16　C．16～20　D．20～25

80．为提高刮削的质量和表面粗糙度，往往要求刀迹的刮向与上遍刀迹的刮向呈______的交叉。

A．30°　B．45°　C．60°　D．90°

81．铸铁件工、检具的时效以______消除内应力效果最佳。

A．炉子时效　B．振动时效　C．自然时效　D．机械时效

82．二级平板的接触点数为______点/25 mm×25 mm。

A．12　B．18　C．20　D．25

83．读数显微镜或是电接触法只能测量导轨______。

A．垂直面内直线度　B．水平面内直线度　C．垂直度　D．平行度

84．下列采用线值法测量直线度的方法中，没有数据只能靠判断的是______。

A．研点法　B．平尺拉表比较法　C．间隙比较法　D．拉钢丝检验法

85．用水平仪测量导轨的直线度时，其读数（格）也可用线值来表示，公式则是______。

A．Δ＝水平仪精度值×测量总长度×实测误差格数

B．Δ＝水平仪精度值×每段长度×实测误差格数

C．$\Delta=$水平仪精度值$\times\dfrac{每段长度}{总长度}\times$实测误差格数

D．$\Delta=$水平仪精度值$\times\dfrac{总长度}{每段长度}\times$实测误差格数

86．减速器的失效形式基本上都是由______造成的。

A．高速　B．轴向力　C．力矩　D．振动

87．离心泵的蜗壳所起的作用是获得蓄能的液体，并将一部分能量转变为______。所以，离心泵既可输送液体，又可将液体输送到一定高度。

A．动能　B．势能　C．功能　D．液体压力能

88．安装部门验收基础时，是根据______对基础工程进行全面审查的。

A．基础施工图及材料清单　B．技术图样及规范

C．基础施工图及记录资料　D．基础设计图及二次灌浆要求

89．基础在移交时，首先是移交技术文件，关于基础的质量文件包括合格检测记录和______。

A．技术图样　B．合同书　C．签署交接书　D．技术协议书

90．可拆卸地脚螺栓与基础的连接只适用于______。

A．压浆法　B．短地脚螺栓　C．长地脚螺栓　D．丁形地脚螺栓

91．安装设备时，垫铁的标准垫法是______。

A．地脚螺栓侧放一组垫铁　B．地脚螺栓两侧各放一组垫铁

C．地脚螺栓中间放一组垫铁　D．两地脚螺栓中间放三组垫铁

92．垫铁应尽量放在靠近地脚螺栓的位置上，相邻两垫铁组的距离一般应保持______mm。

A．300～500　B．500～800　C．500～1 000　D．800～1 200

93．设备的工作精度检查是指对设备______进行检查和测定。

A．传动精度　B．几何精度　C．尺寸精度　D．加工精度

94．设备的周检是指周末对设备进行的全面擦拭、清洗、检查、调整等工作，使设备处于______状态。

A．正常工作　B．新设备　C．完好　D．无故障

95．卧式车床的手轮或手柄转动时，其转动力用拉力器测量，不应超过______N。

A．40　B．60　C．80　D．100

96．设备的完好率是指______。

A．设备的完好程度　B．完好设备台数/在用设备台数

C．设备点检合格项目/总项目　D．设备完好项目/总项目

97．金属切削机床导轨研伤深 0.3 mm，宽 1.5 mm，累积长度超过导轨全长的______则为不完好。

A．1/2　B．1/3　C．1/4　D．1/5

98．在用于制造平尺、平板、角度尺且应力很小、基本不变形的材料中，当前最先进的是______材料。

A．岩石　B．塑性　C．合金　D．特殊铸铁

99．框式水平仪零位的检查是在调平的平板上进行的，水平仪调头180°放置两次的读数值的______即是水平仪的零位误差。

A．差　B．和　C．一半　D．两倍

100．角度尺主要是测量______的垂直度。

A．中心线与中心线　B．中心线与平面

C．平面对平面　D．平面对中心线

101．用水平仪测量立柱导轨相对于工作台面的垂直度时，若两处位置的水准气泡偏移方向相同、数值相同，则垂直度______。

A．小于90°　B．等于90°　C．大于90°

102．测量立式车床的立柱相对于工作台面垂直度时，工作台面放置两等高垫和平尺，中央放置水平仪，并找正平尺两端对零，这是测量______的垂直度。

A．立柱对工作台面　B．立柱对工作台回转中心

C．立柱对工作台回转中心的垂直面（平尺面）　D．立柱对工作台导轨面

103．在牛头刨床横梁移动方向对滑枕移动方向垂直度的测量中，计算公式为$\frac{a_1 L}{l}+b_1$，若$L=l=300$ mm，$a_1=0.05$ mm（前加表），$b_1=0.08$ mm（下加表），那么其垂直度______。

A．小于90°　B．大于90°　C．等于90°

104．测量牛头刨床滑板移动方向相对于滑枕移动方向垂直度时，计算公式为$\frac{a_2 L}{l}+b_2$，若$L=l=250$ mm，$a_2=$右$+0.05$ mm，$b_2=$前$+0.03$ mm，那么垂直度误差为______ mm。

A．0.02　B．0.05　C．0.08　D．－0.02

105．在测量摇臂钻床主轴中心线相对于底座工作面的垂直度时，千分表的回转半径一般要求是______ mm。

A．100　B．150　C．180　D．200

106．进行卧式车床主轴定心轴颈径向圆跳动检查时，其读数值的______即是它的误差。

A．代数和　B．代数和的一半　C．最小差值　D．最大差值

107．测量滚齿机圆工作台面的端面圆跳动时，$a=0.02$ mm，$b=0.04$ mm，那么端面圆跳动的误差则是______ mm。

A．0.02　B．0.04　C．0.03　D．0.06

108．设备主运动机构的转速试验应从最低速到最高速，每级转速不得少于2 min，最高转速不得少于______ min。

A．15　B．20　C．25　D．30

109．精密机床在各种转速下，其空运转的噪声标准应是______ dB。

A．75　B．80　C．85　D．90

110．设备在多级转速运转时，不得有明显的振动。磨床、精密机床的振动标准不超过______ μm。

A．1　B．1～3　C．3～7　D．5～10

111．设备运转时常产生噪声，噪声源主要是由______引起的。

A．强度　B．刚性　C．振动　D．间隙

112．设备运转产生的噪声源或振动源，可用先进的故障诊断技术来诊断。故障诊断技术主要是通过______采样，故障诊断仪器分析来测定故障的。

A．探头　B．传感器　C．示波器　D．接触器

113．在 M131W 万能外圆磨床中，砂轮旋转的启动与______连锁，达不到要求则启动不了。

A．砂轮架退到最后位置　B．手摇工作台手轮脱开位置

C．液压系统压力　D．工作台速度手柄处于零位

114．M131W 万能外圆磨床要更换砂轮时，新砂轮必须要以工作速度______倍的速度进行空运转试验，再经过两次静平衡之后才能装入机床正常使用。

A．1～1.2　B．1.2～1.5　C．1.5～1.8　D．1.8～2

115．M131W 万能外圆磨床在工作前要打开工作台上的放气阀，并在全行程上进行往复运动，主要是为了______。

A．检查液压系统是否正常

B．检查工作台速度是否正常

C．检查工作台反向运动时是否有冲击

D．排出油缸中的气体，以防噪声和振动

116．由于砂轮修整不良，母线不直，工作台速度及工件转速过高，进给量过大，工作台导轨润滑油压力过高，常使 M131W 万能外圆磨床在磨削工件表面时出现______。

A．直波纹（棱圆）　B．螺旋线　C．鱼鳞波纹　D．拉毛痕迹

117．Y54 插齿机能加工的最大模数是______。

A．5　B．6　C．8　D．10

118．Y54 插齿机插削工件的全齿高的尺寸是通过调整插齿刀的______来实现的。

A．双行程数值　B．行程长度　C．行程位置　D．插削深度

119．Y54 插齿机的插齿刀每往复行程的径向进给次数是以三种凸轮来改变的，二次进给凸轮和工件回转的关系是______。

A．凸轮转 90°，工件转一圈　B．凸轮转 180°，工件转两圈

C．凸轮转 270°，工件转三圈　D．凸轮转 360°，工件转四圈

120．插齿刀的几何形状主要影响 Y54 插齿机加工齿轮的______。

A．齿向误差　B．齿距偏差　C．齿形误差　D．齿距累积误差

121．Y54 插齿机加工齿轮精度的齿距累积误差、齿向误差、齿距偏差、齿形误差的共同影响因素是______。

A．工作台蜗杆副的轴向窜动过大　B．刀架蜗轮的安装与刀轴中心线不垂直

C．工件安装精度超差　D．刀轴的间隙过大

（三）**多项选择题**　下列每题的多个选项中，至少有 2 个是正确的，请将正确答案的代号填在横线空白处。

1．高处作业必须______。

A．穿好工作服　B．戴好安全帽　C．穿好绝缘鞋

D．戴好手套　E．系好安全带　F．带好工具袋

2．使用电动工具时，须穿戴好______。

A．安全帽　B．工作服　C．胶鞋

D．绝缘手套　　E．口罩　　F．安全带

3．手拉葫芦在起重前，要认真检查______等主要受力件，不得损坏，并进行润滑。

A．轴　　B．吊钩　　C．墙板

D．轴承　　E．链条　　F．制动器

4．桥式起重机在起吊时，不准______。

A．斜拽工件　　B．将工件提升过高　　C．鸣铃或吹哨　　D．无挂钩工操作

E．纵、横同时行走　　F．起吊超过额定吨位的重物

5．摇臂钻床是依靠移动钻床的主轴对准工件上孔的中心线而工作的。主轴的运动有______。

A．自身上下移动　　B．自身翻转　　C．随主轴箱上下移动

D．随摇臂绕立柱回转　　E．随主轴箱沿摇臂导轨水平移动

F．随主轴箱的回转

6．台式钻床、立式钻床、摇臂钻床、手电钻的共有功能是______。

A．钻孔　　B．扩孔　　C．铰孔

D．镗孔　　E．攻螺纹　　F．自动进给

7．采用单相电压的电钻规格有五种，而采用三相电压的电钻规格有______。

A．6 mm　　B．10 mm　　C．13 mm　　D．19 mm　　E．23 mm　　F．25 mm

8．电磨头是一种高速磨削工具，适用于零件的______。

A．钻孔　　B．修理　　C．修磨　　D．除锈　　E．抛光　　F．攻螺纹

9．使用电磨头时，安全方面应注意______。

A．穿胶鞋、戴绝缘手套　　B．使用前空运转 3 ~ 5 min

C．砂轮外径不允许超过铭牌规定尺寸　　D．新砂轮必须进行修整

E．砂轮必须静平衡　　F．砂轮与工件接触力不宜过大

10．用手锤敲击拆卸时，应注意______。

A．手锤重量适当　　B．敲击力适当　　C．受击部位保护措施适当

D．锤击位置适当　　E．锤击方法适当

F．受击部位难拆卸时，采取松动措施适当

11．设备型号所标的主参数为折算值，其折算系数有______。

A．1　　B．1/2　　C．1/10　　D．1/20　　E．1/50　　F．1/100

12．设备修理复杂系数是用来测定工矿企业的______的基本量。

A．设备　　B．管理　　C．动力

D．修理水平　　E．科技水平　　F．生产水平

13．在设备到货后，用户开箱时要根据说明书内容验收______。

A．设备的外观和完整性　　B．设备的地基　　C．设备的几何精度

D．明细表中的辅件和专用工具　　E．设备的机械性能　　F．设备的技术资料

14．参与液压系统动作的是______。

A．电动机　　B．油泵　　C．油路

D．执行元件　　E．控制元件　　F．工作台

15．设备的电气布线图是根据电气原理图，连接电气元件和组件的电线______图。

A．走线　　B．连线　　C．施工

D．在电箱中的布置　　E．配置　　F．顺序

16．设备作业计划书的主要内容有______。

A．设备修理的作业程序

B．修理技术任务书的编制

C．确定基础件、零件的修理方案

D．设备修理各个节点所需的人工和作业天数

E．作业过程中，各部门工作衔接的要求

F．与托修、协作单位的配合项目及要求

17．设备修理作业计划书的编制主要是由______共同参与编制的。

A．主管生产厂长　　B．主管技术技师　　C．主管修理技术人员

D．主管生产科长　　E．主修师傅　　F．主管生产调度员

18．设备项目性修理的主要工作是______。

A．指定的修理项目的修理

B．几何精度的全面恢复

C．设备常见故障的排除

D．项目性修理对相连接或相关部件的几何精度影响的预先确认和处理

E．对相关几何精度影响的确认和处理　　F．设备力学性能的恢复

19．设备制造厂承修自产设备的最大优势是______，所以是我国设备修理的发展方向。

A．修理质量容易保证　　B．生产管理和技术　　C．修理周期短

D．人员技术和设备　　E．修理成本低　　F．备件和技术

20．设备修理工艺具体规定了设备修理程序，以保证设备______的每个环节的修理质量。

A．从解体到总装　　B．从零件到部件　　C．从精度到试车

D．从部件到总装　　E．从机械到电气　　F．从总装到试车

21．下列机床中，______可以使用同一典型工艺。

A．卧式车床和立式车床　　B．万能磨床和外圆磨床　　C．滚齿机和插齿机

D．卧式铣床和立式铣床　　E．龙门刨床和龙门铣床　　F．卧式镗床和落地镗床

22．设备大修前的技术准备包括______。

A．设备预检　　B．设备改造项目　　C．技术资料

D．备件、配件及材料　　E．精度标准　　F．专用工、检具

23．影响与运动副相配刮基础件安装的内应力变形的因素有______。

A．地基的刚性　　B．温度的变化　　C．强制性变形

D．安装技术　　E．基础件的长短　　F．基础件的形状

24．联轴器是用来传递运动和扭矩的部件，其作用有______。

A．减少传递扭矩的损耗　　B．补偿两轴的位置偏斜　　C．减少轴向力

D．吸收振动　　E．减少冲击　　F．工作可靠

25．手工电弧焊均以短弧施焊，焊前要不断进行锤击，除清渣外，锤击的目的还有______。

A．减轻焊道收缩应力　　B．松弛金属组织　　C．使镍基金属结晶细化

D．增加金属机械强度　　E．增强金属韧性　　F．增加金属抗拉强度

26．铸铁冷焊法的缺点有______。

A．容易产生金属组织细化　　B．容易产生白口铁　　C．容易产生裂纹

D．容易产生气孔　　E．容易产生砂眼　　F．操作技术要求较高

27．在设备密封的分类中，动密封又分为______动密封。

A．堵漏　　B．疏导　　C．回转

D．防护　　E．往复直线　　F．封闭

28．用O形密封圈在卧式车床主轴箱内堵漏改进的部位有______。

A．手柄轴　　B．刹车带轴　　C．主轴

D．Ⅰ轴　　E．进给输出轴　　F．变向立轴

29．重型设备安装时，要预压基础，主要是防止设备安装后的______。

A．断裂　　B．倾斜　　C．变形　　D．下沉　　E．加固　　F．压实

30．润滑脂的供给方式有______。

A．供油装置供给　　B．定期加油　　C．保持循环供油

D．按情况加油　　E．中修时清洗换油　　F．一次性加油，长期不再维护

31．滚动轴承、滑动轴承及一般齿轮箱所用的润滑油牌号有______全损耗系统用油。

A．L—AN10　B．L—AN15　　C．L—AN22

D．L—AN32　E．L—AN46　　F．L—AN68

32．常用的润滑脂品种有______润滑脂。

A．钙基　　B．铅基　　C．钠基　　D．铝基　　E．钡基　　F．锂基

33．锂基润滑脂中添加______后，可运用于矿山、建筑、重型机械等大型设备的润滑。

A．抗酸剂　　B．抗碱剂　　C．抗氧剂

D．抗锈剂　E．耐蚀剂　　F．抗潮剂

34．对设备采取定期检查，采用抽油样化验方法的有______。

A．金属切削机床　　B．大容量油箱　　C．自动流水线

D．精密、大型、稀有设备　　E．液压设备　　F．不能停机的设备

35．设备油箱的润滑油在使用过程中要定期进行添加，其原因是由于润滑油的______。

A．挥发　　B．自然减少　　C．飞溅　　D．流失　　E．渗漏　　F．损耗

36．石棉橡胶板作为较好的密封材料，运用于设备温度为450℃及最高压力为6 MPa以下的______介质的设备、管道法兰的连接。

A．润滑油　　B．化工原料　C．水

D．水蒸气　　E．液体　　F．化学气体

37．设备安装用的橡胶管按其性能和用途可分为______橡胶软管。

A．压缩空气　　B．水　　C．蒸汽

D．氧气、乙炔　　E．高压液压　　F．化学气体

38．卧式车床的润滑方式有______润滑。

A．浇油　B．溅油　C．油绳

D．压配式压注油杯　　E．压盖式油杯　　F．油泵循环

39．专用检测工具——心棒，主要用于检测单轴或多根轴之间的______。

A．径向圆跳动　　B．轴向窜动　　C．端面圆跳动

D．直线度　　E．平行度　　F．同轴度

40．通用测量工具——角度块，在修理中用它作为______。

A．导轨刮削基准　　B．导轨测量基准　　C．导轨精度测量垫块

D．导轨研磨基准　　E．导轨角度基准　　F．导轨精度测量量具

41．机修作业用工、夹、量具的保管和维护应该做到______。

A．专业库房，专人保管　　B．分类存放，明显标识　　C．使用完后，擦净上油

D．放置合理，方法正确　　E．完好无损，精度合格

42．CA6140 卧式车床刮削和测量用的角度块的角度有______。

A．30°　B．45°　C．55°　D．60°　E．90°　F．110°

43．90°角尺在 CA6140 卧式车床修理中主要用于测量______。

A．床鞍及中滑板纵、横移动的垂直度　　B．尾座纵、横向移动的垂直度

C．床身齿条对导轨的平行度　　D．床鞍的溜板箱装配面对中滑板导轨的平行度

E．溜板箱对机床导轨的垂直度

44．拧紧地脚螺栓时，应按照______的方法，才能使地脚螺栓和设备受力均匀。

A．从中间开始　　B．从两端开始　　C．从中间向两端

D．从两端向中间　　E．对称轮换逐次拧紧　　F．交叉轮换逐次拧紧

45．机械设备的安装中，垫铁的作用有______。

A．调整设备水平　　B．调整设备标高　　C．增加设备在基础上的稳定性

D．使基础均匀承受设备载荷　　E．使基础均匀承受设备运行中的惯性力

F．便于进行二次灌浆

46．拖重物沿斜面匀速上升时，拉力与重物重量的关系为______。

A．拉力×斜面长＝重量×斜面高　　B．拉力×底面长＝重量×斜面高

C．拉力×斜面高＝重量×斜面长　　D．重量/拉力＝斜面长/斜面高

E．重量/拉力＝底面长/斜面高　　F．重量/拉力＝斜面高/斜面长

47．混凝土用的水应为不含______等杂质的自来水或清洁的天然水。

A．矿物质　B．油质　C．碱类　D．酸类　E．化学元素　F．泥沙

48．设备常用的安装材料有______。

A．地基材料　B．混凝土材料　C．金属材料

D．非金属材料　E．通用材料　F．专用材料

49．运行的机械设备常产生______，所以混凝土的基础及设备的安装必须坚实、牢固。

A．位移　B．振动　C．噪声　D．冲击　E．变形　F．超声波

50．任何机械设备的基础，所使用的地基都必须运用______进行加固处理。

A．填土法　B．压实法　C．机械加固法

D．用桩加固法　E．水泥灌浆法　F．化学加固法

51．一般机械设备的润滑方式有______。

A．溅油　B．浇油　C．油绳

D．压配式压注油杯　E．旋盖式油杯　F．油泵循环

52．卧式车床用油壶润滑的位置有______。
A．导轨面　B．丝杠、螺母副　C．主轴
D．变速手柄　E．压配式压注油杯　F．Y形带轮
53．润滑剂的主要作用之一是形成润滑油膜减摩层，能够降低或减少______。
A．摩擦系数　B．压强　B．压力损耗
C．摩擦阻力　D．功能消耗　E．金属磨损
54．液体润滑剂主要采用______等液体作为润滑剂。
A．矿物润滑油　B．动物润滑油　C．植物润滑油
D．合成润滑油　E．乳化液　F．水
55．自润滑是将具有润滑性能的固体润滑剂粉末与其他固体材料混合，经______而成。
A．铸造　B．压制　C．加工　D．烧结　E．浸入　F．合制
56．______滤油器，因其过滤材料的特性，只能更换新的滤油器或反向通入清洗液进行冲洗。
A．网式　B．线隙式　C．纸芯式
D．烧结式　E．分离式　F．汽化式
57．润滑系统的清洗不能使用______作为清洗液。
A．煤油　B．汽油　C．酒精　D．L—AN15　E．L—AN22　F．甲苯
58．橡胶类密封材料是常用的、主要的密封材料，它具有______等优点。
A．高弹性　B．高塑性　C．耐液体介质腐蚀
D．耐高温、低温　E．高强度　F．易于模压成形
59．油封是旋转轴密封件，它由耐油橡胶制成，但其结构一般均有______。
A．金属骨架加强　B．弹性支架加强　C．刚性支架加强
D．环形弹簧加压　E．J形弹簧加压　F．环形止口加压
60．设备日常维护保养检查的内容有______。
A．整齐、完整　B．清洁　C．液压系统
D．传动系统　E．润滑　F．安全
61．设备日常维护保养的主要内容有______。
A．日保养　B．周保养　C．旬保养
D．月保养　E．小修保养　F．二级保养
62．在设备操作规程中，要经常保持润滑工具及润滑系统的清洁。操作时不得敞开______，以防灰尘、杂物混入润滑油路。
A．油箱盖　B．机床盖　C．电箱盖
D．油杯盖　E．油缸盖　F．阀体盖
63．设备拆卸的加热拆卸法，其加热温度不能过高，要根据零部件的______来确定。
A．种类　B．硬度　C．刚性　D．形状　E．结构　F．精度
64．设备在拆卸前一定要按拆卸前的______去准备。
A．思想准备　B．技术准备　C．资料准备
D．工装准备　E．物资准备　F．安全准备
65．设备的基础件在安装时特别要求精度稳定、可靠，因为设备的基础件是______的基准。

A．设备安装　B．设备精平　C．相配运动副配刮

D．设备装配、组装　E．设备几何精度的测量　F．设备试车、验收

66．部件、组合件、零件装配为机械系统，其装配原则应符合______。

A．装配精度　B．装配顺序　C．技术要求

D．精度标准　E．装配技术　F．精度检验

67．刮削是一种精加工方法，它是由______实施的。

A．刮削刀具　B．刮削材料　C．刮研工具

D．测量工具　E．刮削余量　F．显示剂

68．为减轻刮削这种繁重的体力劳动，在粗刮之前的机械加工要达到一定的______。

A．平面度　B．表面粗糙度　C．直线度

D．平行度　E．刮削余量　F．尺寸公差

69．刮花是一种装饰刮削，在精刮完成后进行，所以它的作用和特点是______。

A．美观　B．有利于润滑　C．提高刮削精度

D．减少摩擦力　E．判断无损程度　F．不需精度检验

70．平板、桥尺等铸件工、检具之所以要求充分的时效处理，以减少使用过程中的变形，是因为这些铸件由于______而产生的内应力必须释放。

A．铸造　B．放置在厂房　C．机械加工

D．温差变化　E．正常工作　F．安装

71．平面的检验精度包括______。

A．研点精度　B．直线度　C．平行度

D．表面粗糙度　E．平面度　F．垂直度

72．为消除90°检具（水平仪、角度尺等）的误差，可将检具转180°同测一边，将两次测量误差Δ_1、Δ_2代入公式______，分别得出所测边的实际垂直度和检具的90°误差。

A．$\Delta_{检}=\dfrac{\Delta_1-\Delta_2}{2}$　B．$\Delta_{检}=\dfrac{\Delta_2-\Delta_1}{2}$　C．$\Delta_{检}=\dfrac{\Delta_1+\Delta_2}{2}$

D．$\Delta_{被测}=\dfrac{\Delta_1-\Delta_2}{2}$　E．$\Delta_{被测}=\dfrac{\Delta_1+\Delta_2}{2}$　F．$\Delta_{被测}=\dfrac{\Delta_1+\Delta_2}{4}$

73．几何精度中直线度、平行度、垂直度的测量，主要是掌握______。

A．测量工具的使用　B．测量量具的使用　C．测量方法

D．测量温度　E．测量误差的读法　F．误差值的计算方法

74．减速器是一种______的简单机械装置。

A．输入高转速　B．输出高转速　C．输入低转速

D．输出低转速　E．传递动力　F．传递速度

75．单级或多级离心泵，由于叶片产生的轴向力比较大，所以常采用______自动调整叶片一侧的压力，使轴向力平衡。

A．平衡块　B．平衡锤　C．平衡孔

D．平衡缸　E．平衡盘　F．平衡力

76．设备基础施工工程的主要质量标准有______，并要符合设计要求。

A．基础混凝土的强度　B．基础的几何尺寸　C．基础的定位精度

D. 基础的材料　　E. 基础的形状　　F. 基础工程的表面质量

77. 由于基础安装尺寸的误差，地脚螺栓安装常出现的偏差有______偏差。

A. 中心距　　B. 平面尺寸　　C. 标高

D. 中心线　　E. “活拔”　　F. 基础表面

78. 不可拆卸的地脚螺栓与基础连接，是将地脚螺栓与基础浇灌在一起，它的方法有______。

A. 压浆法　　B. 一次灌浆法　　C. 普通浇灌法

D. 二次灌浆法　　E. 混凝土浇灌法　　F. 水泥砂浆灌浆法

79. 经常对设备进行的______工作称为保养。

A. 检查　　B. 修理　　C. 维护

D. 清洗　　E. 排除故障　　F. 润滑

80. 设备的检查，从时间和技术上可以分为______检查。

A. 日常　　B. 一次保养　　C. 二次保养　　D. 定期　　E. 功能　　F. 精度

81. 维修人员设备巡检的主要工作是对设备______的检查，以保证设备的正常工作。

A. 运转的可靠性　　B. 手柄的灵活性　　C. 精度的保持性

D. 参数的准确性　　E. 零件的耐磨性　　F. 机电的配合性

82. 设备漏油的标准是______。

A. 漏油点 5 min 内不超过一滴　　B. 漏油点 3 min 内不超过一滴

C. 表面擦净后 5 min 内无明显渗油　　D. 表面擦净后 8 min 内无明显渗油

E. 8 h 漏油量不超过油箱容量的 2%　　F. 12 h 漏油量不超过油箱容量的 2%

83. 金属切屑机床的______均能满足生产工艺要求，则可视为完好设备。

A. 精度　　B. 性能　　C. 传动　　D. 功率　　E. 技术　　F. 机构

84. 量棒也称为检验心棒，它由连接部分和检验部分组成。连接部分常用的是______和一些特殊量棒。

A. 圆柱形　　B. 莫氏锥度　　C. 1:20 公制锥度

D. 7:24 锥度　　E. 胀套式　　F. 台阶式

85. 框式水平仪有一 V 形工作面，它的角度有______。

A. 75°　　B. 90°　　C. 110°　　D. 120°　　E. 130°　　F. 140°

86. 量棒在设备几何精度测量中的主要检测项目有______。

A. 旋转中心线的径向圆跳动、轴向窜动

B. 中心线与中心线的同轴度

C. 中心线与中心线的平行度、垂直度、相交度

D. 旋转中心线的端面圆跳动、轴肩跳动

E. 中心线与平面的同轴度

F. 中心线与平面的平行度、垂直度

87. 立式车床的立柱对工作台面垂直度的测量中，为了消除量具和检具的自身误差，则需要将______进行测量，两次测量数值代数和的一半即为垂直度。

A. 两等高垫交换位置

B. 水平仪掉头 180°

C．平尺掉头 180°

D．平尺与等高垫同时掉头 180°

E．平尺、等高垫、水平仪三件同时掉头 180°

F．平尺、水平仪同时掉头 180°

88．在测量摇臂钻床立柱对底座工作面的垂直度时，需做好的工作有______。

A．摇臂要转到机床的纵平面内　B．主轴升到最高位置

C．摇臂处于立柱中间位置　D．主轴箱处于摇臂中间位置

E．主轴降到最低转速　F．主轴箱、立柱、摇臂均夹紧

89．牛头刨床滑板移动方向相对于滑枕移动方向垂直度的测量是综合精度的测量，它反映出______等精度的综合性。

A．滑枕定位压板面对床身导轨的垂直度　B．滑枕两压板面的平行度

C．滑枕燕尾两导轨面的平行度　D．横梁导轨面对床身导轨面的等厚度

E．滑板接触面对横梁导轨面的等厚度　F．横梁导轨面的直线度

90．牛头刨床横梁移动方向相对于滑枕移动方向的垂直度，反映了______等精度的综合精度。

A．床身上导轨面对立导轨面的垂直度　B．滑枕压板面的平行度

C．滑枕燕尾两导轨面的平行度　D．横梁导轨面对床身立导轨面的等厚度

E．滑板接触面对横梁导轨面的等厚度　F．床身立导轨的直线度

91．在检查摇臂钻床主轴中心线对底座工作面的垂直度时，必备的条件是______。

A．摇臂下降到立柱全行程上的 1/3 处　B．主轴箱位于摇臂中间位置

C．主轴升至最高处　D．摇臂与机床纵向平行

E．主轴自动进给量最小　F．锁紧立柱、摇臂及主轴箱

92．测量卧式车床主轴锥孔中心线对床身导轨的平行度时，两次测量结果为（均以心棒根部为零）：$a_1 = +0.01$ mm，$a_2 = +0.02$ mm，$b_1 = +0.01$ mm，$b_2 = +0.015$ mm，则______。

A．心棒中凹 0.03 mm　B．心棒中凹 0.015 mm　C．心棒中凸 0.01 mm

D．心棒前勾 0.025 mm　E．心棒前勾 0.012 5 mm　F．心棒后勾 0.005 mm

93．摇臂钻床主轴中心线相对于底座工作台面垂直度的误差，实际上是______等主要精度的综合误差。

A．立柱对底座工作台面的垂直度　B．立柱的直线度

C．摇臂导轨面对立柱的垂直度　D．摇臂导轨面的直线度

E．主轴箱主轴中心线对摇臂导轨面的垂直度　F．主轴伸缩的直线度

94．主轴的回转精度主要有______。

A．主轴孔中心线的径向圆跳动　B．主轴定位轴颈的径向圆跳动

C．主轴定位端面的端面圆跳动　D．主轴的轴向窜动

E．主轴的刚性变形　F．主轴的温度变形

95．设备大修后，运行（动态）检查的项目有______。

A．空运转试验　B．刚性试验　C．负荷试验

D．传动链精度试验　E．工作精度试验　F．强度试验

96．设备辅助机构在空运转试验时，要检查其安全性、可靠性，主要的辅助机构有______。

A．电气系统　B．液压系统　C．制动装置
D．夹紧装置　E．转位装置　F．自动循环装置

97．设备的液压（气动）系统在空运转试验时，不应存在______现象。
A．漏油（气）　B．振动　C．爬行　D．失效　E．冲击　F．停滞

98．设备空运转试验时要检查设备的安全操作规范，有些设备在安全上还要检查其______。
A．安全技术　B．安全标准　C．安全设施
D．安全措施　E．安全穿戴　F．安全条件

99．设备空运转时常见的故障有______。
A．外观质量问题　B．通过调整可解决的故障　C．通过调整不可解决的故障
D．噪声　E．发热　F．弹性变形

100．设备的发热现象是指非正常的温度或温升，并超出了通用技术要求。发热的主要原因有______。
A．运动副的不正常运动　B．旋转机械的不正常　C．几何精度的超差
D．零部件的刚性变形　E．传动精度的超差　F．设备的功率降低

101．M131W 万能外圆磨床在工作中常见的由液压系统引起的故障有______。
A．工作台的爬行　B．工作台的反向冲击
C．工作台速度达不到最高和最低　D．砂轮主轴径向圆跳动超差
E．油泵达不到技术要求、有噪声　F．尾座套筒顶尖跳动超差

102．M131W 万能外圆磨床用内圆磨头磨削工件表面呈多菱形时，主要的产生原因有______。
A．头架主轴轴承间隙过大　B．头架装轴承处的主轴轴颈圆度超差
C．三爪自定心卡盘与法兰座在主轴上有松动　D．尾座顶尖力不够
E．工件装夹不牢　F．头架带轮磨损

103．Y54 插齿机在安装工件时，要进行一系列的检查工作，包括______等项目。
A．工作台的径向圆跳动
B．心轴插入工作台定位孔中的径向圆跳动
C．工作台的端面圆跳动
D．工件在心轴上的径向圆跳动
E．工件随心轴、工作台回转的径向圆跳动
F．工件随心轴、工作台回转的端面圆跳动

104．Y54 插齿机加工齿轮时，常见的故障基本上都反映到加工出齿轮的精度上，主要有______。
A．齿坯的精度　B．齿轮齿向误差
C．齿轮齿距累积误差　D．齿轮齿距偏差、齿形误差
E．齿轮的尺寸精度　F．齿轮齿面的表面粗糙度

105．Y54 插齿机加工齿轮的精度受______等影响很大。
A．机床的几何误差　B．机床传动链的传动误差
C．传动元件失效所引起的振动、热变形及受力变形　D．零部件的装配误差
E．运动副的间隙调整误差　F．工件、刀具的安装误差

三、技能试题

第一题　CA6140卧式车床主轴回转精度及主轴中心线对床鞍移动的平行度

1．内容及操作要求

(1) 检验项目的精度标准。

(2) 合理地选用、使用、保养检具和量具。

(3) 正确掌握检测方法，检测数据准确。

(4) 检测的准备工作要充分、合理。

2．准备工作

(1) 准备检测项目精度标准的文件资料。

(2) 检测前应做好的辅助工作。

1）清洗、擦拭检测面，去毛刺。

2）选配检测心棒，主要是选配检测心棒的形位公差及与主轴锥孔的接触精度。

(3) 检具、刀具、量具的准备。

检具：心棒；量具：千分表、磁力表架；刀具：刮刀、莫氏6号锥度铰刀等。

(4) 擦拭布、清洗煤油、油石、金相砂纸等的准备。

3．考核时限

(1) 基本时间　准备时间10 min，正式操作时间60 min。

(2) 时间允差　每超5 min从总分中扣除2分，超出20 min终止考核。

4．评分项目及标准（见表Ⅰ—2）

表Ⅰ—2

序号	评分要素	配分	评分标准
1	检测面的清洗、去毛刺	5	检测过程中，再次进行清洗、去毛刺的，酌情扣1～5分
2	心棒与主轴锥孔接触区检验不少于70%	5	心棒接触面呈点或线接触的不得分，其他酌情扣1～4分
3	主轴回转精度检验标准 ①主轴锥孔中心线的径向圆跳动根部为0.02 mm/300 mm ②主轴轴向窜动0.01 mm ③主轴轴肩端面圆跳动0.02 mm ④主轴定位轴颈的径向圆跳动0.01 mm ⑤主轴中心线对床鞍移动的平行度 a．0.02 mm/300 mm（只许中凹） b．0.015 mm/300 mm（只许向前偏）	20 10 10 10 25	每项精度检测方法不正确1处扣5分 每项精度的检测数据应准确、可靠，测量误差超出实际误差0.5倍不得分，其他酌情扣2～8分 检测时若损坏机械设备扣总分20～100分
4	①操作技术规范、熟练 ②准备工作充分、可靠	3 3	操作不规范、不熟练酌情扣1～3分 更换一次心棒扣2分，其他酌情扣1～2分

续表

序号	评分要素	配分	评分标准
5	①严格遵守安全操作规程 ②文明生产	5 4	严重违反安全操作规程不得分，甚至取消考核资格，其他酌情扣1~4分 不符合文明生产要求的酌情扣1~3分

注：1. 检测方法由出题者列出文字要求。
2. 精度检验实际误差在监考现场测出。

第二题 卧式车床尾座套筒及孔的尺寸和形状误差检测，钻头或顶尖顶不出来的故障排除

1. 内容及操作要求

(1) 合理地选用、使用、保养量具。

(2) 尾座套筒的尺寸和形状误差检测。

(3) 尾座孔的尺寸和形状误差检测。

(4) 尾座套筒与孔的配合误差检测，写出修理工艺。

(5) 要求拆卸和装配程序合理、技术规范、操作熟练，达到装配技术要求。

(6) 排除尾座丝杠顶不出钻头或顶尖的故障。

2. 准备工作

(1) 准备尾座的装配图和尾座套筒、尾座壳体的零件图及其他需用的技术资料。

(2) 准备千分尺、内径表、游标卡尺等量具和检测用的钻头或顶尖。

(3) 准备机修钳工所用工具一套。

(4) 准备擦拭布、清洗用煤油、HL32号液压油、油石、金相砂纸等。

3. 考核时限

(1) 基本时间　准备时间10 min，正式操作时间120 min（为配合故障排除的机械加工时间不包括在内）。

(2) 时间允差　每超出10 min扣除总分4分，超出25 min终止考核。

4. 评分项目及标准（见表Ⅰ—3）

表Ⅰ—3

序号	评分要素	配分	评分标准
1	拆卸工作及清洗 ①按装配图拆卸，顺序合理、正确 ②正确使用工具 ③零件清洗干净，露出原貌，并去毛刺	10	拆卸顺序不正确一次扣2分 工具使用不正确或清洗不干净的，酌情各扣1~2分
2	检测精度 ①尾座套筒直径尺寸、形状误差（圆度、圆柱度）的检测 ②尾座孔的尺寸、形状误差（圆度、圆柱度）的检测 ③套筒外圆和内孔的表面粗糙度及磨损状况的检测 ④套筒外圆及内孔的配合误差的检测	8 8 4 4	项目①中误差一项不准确扣4分 项目②中误差一项不准确扣4分 项目③中误差一项不准确扣2分 项目④中误差一项不准确扣2分

序号	评分要素	配分	评分标准
3	丝杠顶不出钻头或顶尖的故障排除 ①确认故障及排除故障方法并实施 ②钻头或顶尖退出时要轻松 ③套筒在退回到与端面齐平或相距 5 mm 以内时，将钻头或顶尖顶出	30	顶不出钻头或顶尖不得分 超出退回要求位置每 2 mm 扣 10 分
4	装配工作 ①按装配图顺序正确装配，调整合理 ②手轮转动灵活，轻重一致	16	漏装一个零件扣 2 分，手轮不灵活或轻重不一致扣 8 分
5	编写套筒与孔配合的修理方案 ①配合精度标准 ②修理方案要求简明、简单、先进、可靠	10	视不完善程度酌情扣 2～6 分
6	文明生产 ①严格遵守安全操作规程 ②文明生产。现场整洁，摆放合理 ③工、量具使用、保养合理、正确	4 3 3	违反操作规程扣 4 分，严重违反可取消考核资格 不符合②和③要求的各酌情扣 1～2 分

注：检测尺寸、形状精度误差的“准确”标准，以监考者现场实际测量值为准。

第三题　卧式车床床鞍横向进给燕尾导轨几何精度的恢复

1．内容及操作要求

（1）合理地选用、使用、保养测量、刮研所用的工具、检具、量具。

（2）检验方法正确。

（3）几何精度、接触精度、表面粗糙度达到精度标准，导轨面不许有划痕。

（4）测量床鞍丝杠孔的实际尺寸，供制作专用心棒时使用。

2．准备工作

（1）准备床鞍横向进给燕尾导轨的几何精度标准、接触精度标准、表面粗糙度标准的文件资料。

（2）准备角度块、角度尺、2 个 ϕ14 mm 或 ϕ16 mm 心棒等检具、研具。

（3）准备千分尺、内径表、千分表、磁力表架等量具。

（4）根据专用心棒装配孔实测直径 D，制作 $D_0{}^{+0.005}$ mm × 300 mm 的心棒。

（5）准备刮削所用的支承木架、刮刀、红丹粉、油石、磨刀盘、金刚砂等。

（6）准备擦拭布、清洗煤油。

3．考核时限

（1）基本时间　准备时间 10 min，正式操作时间 240 min（刮削修复量在 0.1 mm 以内）或 360 min（刮削修复量为 0.15 mm）。

（2）时间允差　超出基本时间的 4%～12%，扣去总分的 2～10 分。超时达 12%以上则终止考核。

4．评分项目及标准（见表Ⅰ—4）

表Ⅰ—4

序号	评分要素	配分	评分标准
1	精度标准文件资料齐全	4	缺一项扣2分
2	心棒装配孔直径测量方法和量具使用正确，测量数据准确	6	按提供数据制作心棒，装不进或与孔间隙超过0.02 mm不得分
3	燕尾导轨刮削要求 ①所有燕尾导轨面直线度0.02 mm/全长 ②燕尾导轨平面导轨平行度0.02 mm/全长 ③燕尾导轨面的平行度0.02 mm/全长 ④燕尾导轨的平面导轨及燕尾导轨对心棒的平行度为 a、b 两个方向0.03 mm/300 mm ⑤导轨刮削面的接触精度8～12点/25 mm×25 mm ⑥表面粗糙度为1.6 μm ⑦导轨面无划痕	10 10 15 20 10 2 3	项目①超差0.01 mm扣4分 项目②超差0.01 mm扣4分 项目③超差0.01 mm扣3分 项目④超差0.02 mm扣5分 项目⑤超出3点扣4分 表面粗糙度降一级扣1分 有一处划痕扣2分
4	①操作方法规范、正确、熟练 ②准备工作充分、无漏项	5 5	不符合操作规范要求，酌情扣1～3分 准备工作漏一项扣2分
5	①严格遵守安全操作规程 ②文明生产。现场整洁，摆放合理 ③工、检、量具使用、保养情况合理、正确	4 3 3	不符合安全操作规程酌情扣1～3分，严重违章可取消考核资格 不符合文明生产要求酌情扣1～2分 不符合使用、保养要求酌情扣1～2分

第四题 CA6140卧式车床的安装

1．内容及操作要求

（1）验收已备的一次灌浆完成的地基，并做记录。

（2）验收新进货或大修后的CA6140卧式车床，并做记录。

（3）车床就位，完成调平工作。

（4）二次灌浆。

（5）对车床的安装精度进行复验，清洗机床，接线空试，交付验收。

2．准备工作

（1）准备地基设计图、地基施工检验记录资料，以及CA6140卧式车床说明书或大修后记录资料。

（2）准备一台新进货或大修后的CA6140卧式车床。

（3）准备安装车床所用的地脚垫铁、地脚螺栓、螺母，以及木板、水泥、砂、碎石等二次灌浆所用的材料。

（4）准备水平仪和平尺。

（5）准备机修钳工安装机床所用的工具一套。

（6）准备与安装配合的起重设备、搬运所用钢丝绳、滚杠、枕木等。

（7）准备擦拭布、清洗剂、润滑油等辅助材料。

3．考核时限

（1）基本时间 由于二次灌浆需要养护期，所以考核时间不能连续，分为两次，即在二次灌浆前的安装工作240 min，二次灌浆养护期后为120 min。

（2）时间允差　超出基本时间的5%～15%，扣总分的2～10分，超出基本时间15%以上则终止考核。

4．评分项目及标准（见表Ⅰ—5）

表Ⅰ—5

序号	评分要素	配分	评分标准
1	地基验收 按地基设计或说明书技术要求验收，并做记录	8	漏一项扣2分
2	车床验收 按说明书或大修后资料验收车床达要求	8	漏一项扣2分
3	车床就位前工作 ①下层垫铁就位，并进行水泥预埋 ②上层垫铁放置的标高确定 ③基础内清除干净	10	垫铁位置不正确扣4分，其他酌情扣1～4分
4	车床就位 ①起吊、搬运将车床就位 ②粗调水平 ③地脚螺钉孔灌浆	25	搬运、起吊不稳，有事故隐患扣5分 调整水平无记录扣2分，调整方法不正确扣10分
5	养护期精调水平 ①精调水平达到车床导轨几何精度检验标准 ②地脚垫铁灌浆固定 ③修整地基表面	20	调整水平无记录扣2分，若出现水泥被打掉，重新安装的不得分 出现其他不符合要求的情况酌情扣2～8分
6	车床清洗及试车 ①按车床清洗的要求除去防锈涂料等 ②按润滑要求检查或加注润滑油 ③检查电气系统 ④接通电源，对各运动件空运转试车 ⑤车床最后完善，交付生产	10	清洗不干净酌情扣2～4分 润滑不到位酌情扣2～4分 电动机接线反转扣1分 交付生产，车床不完善、记录资料不齐全各扣1分
7	①安全操作。严格遵守各种安全操作规程，不允许发生人身、设备事故 ②文明生产。现场整洁摆放合理，不允许出现影响正常工作的事情	7 4	发生人身、设备事故，不得分。严重者取消考核资格 文明生产不符合要求酌情扣1～3分
8	①操作方法规范、正确、熟练 ②准备工作充分、无漏项	4 4	操作不正确、不规范酌情扣1～3分 漏一项扣2分，准备不充分扣1分

第五题　B665牛头刨床电动机及带传动的装配调整

1．内容及操作要求

拆卸一台牛头刨床的电动机和带传动装置。

（1）电动机空试无振动、无异常声音。

（2）检验主、被动带轮制造精度。

（3）检验主、被动带轮与连接轴的配合及连接精度。

（4）装配电动机，调整垫板无松动。

（5）装配及调整主、被动带轮。

(6) 装配及调整V带。

(7) 空试车，要求带传动机构无噪声、无振动。

2．准备工作

(1) 准备牛头刨床说明书、带传动机构装配图、有关的零件图等技术资料。

(2) 准备B665牛头刨床一台。

(3) 准备与修理相配合的机械加工设备，如车床、铣床、插床、电焊机等。

(4) 能合理地选用、使用、保养拆卸工具、量具。

(5) 准备机修钳工所用工具一套。

(6) 准备量具，包括千分尺、内径表、百分表、磁力表架、游标卡尺、1 m钢板尺、万能角度尺。

(7) 准备电动机轴承2套、连接件（主、被动带轮）、皮带5根。

3．考核时限

(1) 基本时间　准备时间10 min，正式操作时间150 min。配合修理及机械加工时间不计算在内。

(2) 时间允差　每超出基本时间10 min扣总分2分，最多扣8分，超过40 min终止考核。

4．评分项目及标准（见表Ⅰ—6）

表Ⅰ—6

序号	评分要素	配分	评分标准
1	拆卸工作 ①拆卸方法正确，拆卸工具使用合理 ②拆卸顺序正确，无零件损坏	15	拆卸工具使用不合理扣5分 损坏一个零件扣5分
2	电动机检验达验收标准 ①电动机无振动、无异常响声 ②若需要可更换轴承 ③电动机轴、检测轴面、键槽无磨损 ④电动机轴磨损的修复	20	无检验记录扣2分 修复方案不合理扣5分 判断错误一项扣5分 有其他不符合要求的情况酌情扣1～3分
3	主、被动带轮检测 ①与轴相配合的孔及键槽磨损的检测及修复 ②带轮V形槽磨损的检测及修复 ③鉴定传动带磨损的情况，确定是否更换传动带	8 8 4	无检验记录扣2分 修复方案不合理扣5分 判断错误一项扣5分 有其他不符合要求的情况，酌情扣1～3分
4	电动机及带装置的装配 ①检查电动机连接底板无断裂、螺纹无失效，并装配电动机 ②带轮装配方法正确，使用工具合理 ③带轮端面在同一平面的调整 ④传动带安装后，调整松紧 ⑤空运转试车，要求电动机及带装置无振动和噪声	5 5 10 10 5	漏一项扣2分 装配损坏一个零件扣3分 调整时，每超出规定20%扣2分 传动带松紧程度每超出规定20%扣2分 空运转试车不符合要求，酌情扣1～5分
5	①严格遵守安全操作规程，无人身、设备事故 ②文明生产。要求现场整洁、卫生、摆放合理	6 4	出现一次事故或事故隐患不得分 不符合文明生产要求，酌情扣1～3分

第六题 C620—1 卧式车床主轴精度的检测

1．内容及操作要求

（1）按主轴的零件图及所有技术要求，检测主轴的全部精度。

（2）检测主轴各轴颈（有公差的轴颈）的实际尺寸。

（3）检测主轴有要求的轴颈形状公差、位置公差的实测值。

（4）检测主轴各轴颈的表面粗糙度。

（5）检测主轴 1∶12 锥度的实际误差。

（6）检测主轴莫氏 5 号锥度的实际误差及锥孔中心线的径向圆跳动值。

（7）将原标注的旧尺寸公差、形位公差、表面粗糙度全部换为新的国家标准标注。

2．准备工作

（1）准备技术资料，包括主轴的零件图，新、旧尺寸公差，形位公差，表面粗糙度标注的对照资料。准备记录所用的纸、笔。

（2）准备检测尺寸公差、形状公差的量具，包括游标卡尺、千分尺、百分表、磁力表架、公法线千分尺。

（3）准备检验位置公差、莫氏 5 号锥孔中心线径向圆跳动所用的设备，包括万能磨床或车床（带有中心架）。

（4）准备锥度检验工具，包括 1∶12 锥度塞规一套、莫氏 5 号锥度塞规一套、表面粗糙度样板一套。

（5）准备 C620—1 卧式车床主轴一根。

（6）准备擦拭布、医用纱布、航空煤油、航空汽油、油石、红丹粉、蓝油等辅助材料。

3．考核时限

（1）基本时间 准备时间 10 min，正式操作时间 180 min。

（2）时间允差 每超出基本时间 10 min 扣总分 2 分，超过 30 min 终止考核。

4．评分项目及标准（见表Ⅰ—7）

表Ⅰ—7

序号	评分要素	配分	评分标准
1	将旧标注换为新标注 ①9 处尺寸公差 ②表面粗糙度 ③8 处形位公差	 4 2 4	对照记录新、旧国家标准标注，缺一项扣 0.5 分
2	尺寸公差的精度检测（螺纹精度除外） ①10 处轴外径 ②1∶12 锥度的 $\phi100.333$ mm ③莫氏 5 号锥孔 $\phi44.401$ mm ④花键轴上的花键 $14^{-0.06}_{-0.11}$ mm	 10 10 10 2	记录所有检验结果，缺一项扣 0.5 分 检测与实际误差相差 0.5 倍，每项扣 0.5 分
3	表面粗糙度检测 ①轴外径 ②轴端面 ③莫氏 5 号锥孔	6	记录检测结果，缺一项扣 0.2 分 与实际误差相差一级扣 0.2 分

续表

序号	评分要素	配分	评分标准
4	位置精度检验 ①自选车床或磨床 ②找正（装夹形式）精度 ③位置精度检验 ④莫氏 5 号锥孔（前）中心线的径向圆跳动	 14 10 10	主轴的装夹找正是检测的基准，考生找正后，监考人员应在现场做出结论 记录测量结果，缺一项扣 0.5 分 与实际误差相差 0.5 倍，扣 0.5 分
5	锥度检验 ①1∶12 锥度 ②莫氏 5 号锥度（前）	 4 4	以塞规检验（70% 以上）与实际误差相差 10% 扣 1 分
6	①严格遵守安全操作规程 ②准备工作充分、无漏项，量具使用、保养合理	6 4	违反安全操作规程酌情扣 1～4 分，严重违章或出人身、设备事故的取消考核资格 准备工作不充分或量具使用、保养不当的酌情扣 1～3 分

注：实际误差可事先由专业检查人员检验并做出记录，考生评分可以此记录为标准。

第七题　更换 CA6140 卧式车床Ⅰ轴的摩擦片和半圆键、拉杆，若铜套磨损严重也需更换

1．内容及操作要求

(1) 在拆卸 CA6140 卧式车床Ⅰ轴前，拆卸防护装置和传动带、带轮。

(2) 拆卸 CA6140 卧式车床Ⅰ轴。

(3) Ⅰ轴完全解体并清洗、检查备件。

(4) 更换磨损的内、外摩擦片和铜套。

(5) 更换半圆键和拉杆，拉杆的更换关键在于配做调整螺母与拉杆连接销。

(6) 装配Ⅰ轴。

(7) 将Ⅰ轴装入车床，并组装带轮，连接传动带。

(8) 调整Ⅰ轴摩擦片，达到正、反运转正常。用合理切削用量试车、不发生闷车和摩擦发热现象。

(9) 合理使用工、夹、量具，正确拆卸和装配。

(10) 正确、安全使用钻床。

2．准备工作

(1) 准备 CA6140 卧式车床说明书、Ⅰ轴装配图、Ⅰ轴零件图等技术资料。

(2) 准备立钻、虎钳和配套工、夹具及辅具，选用合理的钻头、铰刀、量具等。

(3) 准备 CA6140 卧式车床Ⅰ轴内、外摩擦片、半圆键、拉杆备件、铜套。

(4) 机修钳工所用工具一套。

(5) 可以配一名人员做助手，在拆装时做一些扶、抬工作，但不允许有任何其他参与行为。

(6) 准备清洗煤油、擦拭布、润滑油等辅助材料。

3．考核时限

(1) 基本时间　准备时间 10 min，正式操作时间 180 min。

(2) 时间允差　每超出基本时间 10 min 扣除总分 2 分，超出 30 min 终止考核。

4．评分项目及标准（见表Ⅰ—8）

表Ⅰ—8

序号	评分要素	配分	评分标准
1	拆卸工作 ①拆卸防护罩、传动带、带轮 ②拆卸顺序、方法正确 ③带轮拆卸不允许损坏	2	损坏带轮除扣2分外，再扣总分10分 出现其他不符合要求的情况，酌情扣1分
2	拆卸Ⅰ轴 ①拆卸顺序、方法正确 ②调松摩擦片、注意半圆键的位置 ③拆卸时特别注意半圆键压套、摇杆的损坏	4	损坏一个零件扣2分、不够则扣总分 出现其他不符合要求的情况，酌情扣1～3分
3	解体Ⅰ轴 ①解体的顺序、方法合理、正确 ②不允许损坏零件 ③清洗、清点零件。除摩擦片、半圆键及拉杆外，铜套磨损严重也应更换	10	损坏一个零件扣2分、不够则扣总分 铜套该换不换扣5分
4	拉杆的装配 ①配做调整螺母与拉杆的连接销（注意销的直径） ②拉杆配做销孔要使调整螺母，正、反转调整有充分余量、连接销要紧 ③半圆键位置正确，调整螺母基本处于中间位置 ④铜套严重磨损、拉毛则更换，要保证轴套的适当间隙	20	拉杆销孔配件位置不正确扣5分 半圆键左、右偏向扣5分 铜套更换没有去毛刺和清理、间隙相配过紧或过松扣2分
5	Ⅰ轴部件组装 ①装配顺序、方法合理、正确 ②不允许漏装或多装零件 ③齿轮铜套旋转轻松、无轻重不均现象 ④组装达技术要求	30	装配方法和顺序不正确导致返工一次扣5分 每损坏一个零件扣5分 装配一项不达要求扣5分
6	Ⅰ轴装配至主轴箱 ①装配顺序、方法合理、正确 ②半圆键、拉杆、换向套位置正确 ③装配后初步调整摩擦松紧程度以及机床换向手柄位置	12	装配方法和顺序不正确导致返工一次扣3分 半圆键、拉杆、换向套位置不正确扣4分 出现其他不符合要求的情况，酌情扣2～6分
7	装配带轮、传动带 ①装配带轮，调整上、下带轮正确位置 ②装传动带，调整传动带张紧程度	4	带轮装配位置不正确扣2分 传动带装配张紧调整不正确扣2分
8	试车 ①空试车，调整摩擦片间隙 ②正常工作试车，不可再调整摩擦片间隙	8	工作试车正、反转手柄位置不正确扣4分 工作试车出现闷车、发热现象不得分，并扣总分5分
9	①安全生产。严格遵守安全操作规程，不发生人身、设备事故 ②文明生产。现场整洁，工件、用具合理摆放 ③准备充分。工、量具使用、保养合理、正确	6 2 2	发生人身、设备事故不得分，出现其他不符合安全生产要求的酌情扣2～5分 文明生产不符合要求的酌情扣分，准备漏一项扣1分，工、量具使用不合理酌情扣分

第八题　更换CA6140卧式车床中滑板丝杠、螺母，调整达要求，配刮斜铁

1．内容及操作要求

（1）合理使用、保养工、夹、量具。

（2）安全操作钻床，合理选用刀具，加工工件合格。

（3）更换丝杠、螺母，尤其注意对螺母的划线、钻孔、攻螺纹、装配的位置要正确。

（4）配刮中滑板斜铁。

（5）丝杠、螺母装配合理，调整方法正确。

（6）手动中滑板横进刀，螺母行程最大距离手柄无轻重不均匀现象，转动灵活。

2．准备工作

（1）立钻一台，虎钳及辅助工具一套。

（2）准备 CA6140 卧式车床横进给丝杠、螺母。准备好一个面、刮削余量为 0.1～0.2 mm的中滑板斜铁一件。

（3）钻孔所用钻头。

（4）机修钳工所用工具一套（包括划线工具）、刮刀、红丹粉、油石。

（5）清洗所用煤油、润滑油、擦拭布等辅助材料。

（6）平面磨床及供配垫用的各种厚度铜皮。

3．考核时限

（1）基本时间　准备 10 min，正式操作时间 150 min。

（2）时间允差　每超出基本时间 10 min 扣总分 2 分，超出 30 min 终止考核。

4．评分项目及标准（见表Ⅰ—9）

表Ⅰ—9

序号	评分要素	配分	评分标准
1	拆卸工作 ①将小刀架滑板以上部分全部拆卸掉 ②拆卸斜铁、中滑板 ③拆卸丝杠、螺母	12	拆卸操作不规范，损坏一个零件扣 3 分 出现其他不符合要求的情况，酌情扣 2～8 分
2	配刮斜铁 ①以床鞍燕尾导轨和中滑板配刮斜铁 ②斜铁一面已磨好，配刮另一面（滑动面），要求 8～12 点/25 mm×25 mm	16	接触精度少 2 点扣 4 分 斜铁直线度用 0.02 塞尺检查，塞进扣 4 分，以此类推
3	配钻螺母螺钉孔 ①初装配，确定螺母位置，划钻孔线 ②根据划线钻螺纹底孔，攻螺纹	20	螺钉孔线位置偏差扣 2～6 分，钻孔偏差扣 2～6 分，螺纹不垂直、偏移扣 2～6 分，其他不符合要求的情况酌情扣 2～8 分
4	中滑板及丝杠、螺母装配 ①组装中滑板、斜铁，调整间隙 ②组装丝杠、螺母，调整螺母正确位置（配垫） ③中滑板两端最远距离，手柄受力均匀	40	螺母螺纹安装端无保护倒角扣 10 分 装配没有加润滑油扣 5 分 固定安装有松动扣 5 分 手柄旋转有受力不均扣 20 分
5	①严格遵守各种安全操作规程 ②文明生产、现场保持整洁、摆放合理 ③准备工作充分、无漏项，工、量具使用、保养正确	6 3 3	违章酌情扣 1～4 分，严重违章不得分，直至取消资格

第九题　Y38 滚齿机工作台蜗杆轴向窜动、蜗杆与蜗轮的接触精度、侧隙的测量和故障分析及故障排除（文字报告）

1．内容及操作要求

(1) 合理地选用、使用、保养检测工具和量具。
(2) 检测蜗杆轴向窜动。
(3) 检测蜗杆、蜗轮副的接触精度。
(4) 检测蜗杆、蜗轮副的配合侧隙。
(5) 正确的测量方法，准确的测量数据。
(6) 写出测量结果及故障分析、故障排除报告。

2. 准备工作

(1) 一台 Y38 滚齿机。
(2) 千分表、比较仪、钢球、磁力表架、比较仪杠杆表架等测量用的检、量具。
(3) 滚齿机工作台部件的装配图。
(4) 航空煤油、航空汽油、擦拭布、医用棉纱、小刷子、红丹粉、蓝油、三角刮刀、油石等辅助材料。

3. 考核时限

(1) 基本时间　准备 10 min，正式操作时间 180 min。
(2) 时间允差　每超出基本时间 10 min 扣总分 2 分，超出 30 min 终止考核。

4. 评分项目及标准（见表Ⅰ—10）

表Ⅰ—10

序号	评分要素	配分	评分标准
1	蜗杆轴向窜动测量 ①精度要求：0.003 mm ②检测方法正确、可靠 ③使用量具合理	15	检测方法不正确酌情扣 2 ~ 10 分 量具使用不合理酌情扣 2 ~ 5 分
2	清洗蜗杆、蜗轮 ①打开蜗杆、蜗轮两侧盖板 ②按要求清洗蜗杆、蜗轮	5	清洗不干净酌情扣 2 ~ 4 分
3	蜗杆、蜗轮啮合侧隙的测量 ①测量方法正确 ②测量数据可靠（蜗轮的等分测点） ③精度要求：最小间隙 0.03 mm	20	测量方法不正确酌情扣 2 ~ 15 分 没有测出最大、最小间隙扣 10 分 测量数据不准确扣 10 分
4	蜗杆、蜗轮接触精度测量（测量对研接触区可开动设备） ①精度要求：齿高 50%，齿长 60%，并在齿面中部 ②测量方法正确，接触区显示清楚 ③在无润滑油情况下测量，注意设备安全	20	对研出现新磨损或拉毛扣 10 分 对研接触区显示不清楚无法判断扣 10 分 出现其他不符合要求的情况，酌情扣 2 ~ 10 分
5	故障分析、排除及文字报告 ①蜗杆轴向窜动 ②蜗杆、蜗轮啮合侧隙 ③蜗杆、蜗轮接触精度	30	故障分析每缺一项扣 5 分 故障排除每缺一项扣 5 分
6	①安全文明生产，无事故发生。现场保持整洁，摆放合理 ②准备工作充分，检、量具使用合理	6 4	不符合安全文明生产要求酌情扣 1 ~ 5 分，严重违章可扣总分 10 分，直至取消资格 准备不充分，使用检、量具不合理酌情扣 1 ~ 3 分

第十题　渐开线圆柱齿轮减速器的修理

1．内容及操作要求

(1) 根据所修减速器装配图和零件图大修一台两级传动的渐开线圆柱齿轮减速器。

(2) 合理地选用、使用、保养检具和量具。

(3) 选用正确地拆卸和装配方法。

(4) 根据零件修复或更换的原则，修复或更换备件。

(5) 大修达到验收标准和通用技术标准。

2．准备工作

(1) 中型两级渐开线圆柱齿轮减速器一台。

(2) 备齐减速器传动元件、标准件、辅件等供大修使用。

(3) 准备所修减速器的装配图、零件图。

(4) 机修钳工准备所用工具一套。

(5) 准备检、量具，包括千分表、游标卡尺、磁力表架、内径表。

(6) 相配合的机械加工设备：磨床、铣床、镗床、车床、钻床等及配套工、夹具。

(7) 准备清洗、润滑、擦拭、油石等辅助材料。

3．考核时限

(1) 基本时间　准备时间 10 min，正式操作时间 240 min（机械加工时间不在考核时限内）。

(2) 时间允差　每超出基本时间 10 min 扣总分 2 分，超出 30 min 终止考核。

4．评分项目及标准（见表Ⅰ—11）

表Ⅰ—11

序号	评分要素	配分	评分标准
1	拆卸工作 ①拆卸顺序、方法正确 ②拆卸时无零件损坏 ③拆卸工具使用合理、安全	8	拆卸顺序及方法不对酌情扣 2 ~ 6 分 拆卸损坏一个零件扣 2 分
2	清、点零件 ①清洗零件 ②检查零件，提出更换件及理由、修复件及方案	10	无更换件清单（包括更换理由）扣 4 分 无修复件清单（包括修复方案）扣 4 分，每漏一项扣 1 分
3	减速箱箱体的修复方案 ①减速箱体磨损状况：接合面、轴承孔等 ②简便、可靠的修复方案（文字）	15	减速箱检验每漏一项扣 4 分 无修理方案扣 6 分 有其他不符合要求的情况酌情扣 2 ~ 8 分
4	装配前准备 ①更换零件、配件、标准件的检验 ②修复件的工艺 ③辅件的更换或修复	20	更换件等验收漏一件扣 2 分 修复件未写出修理工艺，可酌情扣 2 ~ 10 分 辅件的修理漏一项扣 2 分
5	减速器的装配 ①按装配顺序正确地装配、调整 ②装配达到技术要求 ③装配达到通用技术标准	25	装配顺序不正确，调整不当可酌情扣 2 ~ 15 分 装配技术一项达不到要求扣 4 分 通用技术一项达不到要求扣 2 分

续表

序号	评分要素	配分	评分标准
6	空运转试车 ①按要求加润滑油 ②空运转试车，要求平稳、无振动、无异常声音、无漏油	10	不符合要求酌情扣2~8分 漏油扣4分
7	①严格遵守各种安全操作规程，无人身、设备事故和较大事故隐患 ②文明生产，现场保持整洁、摆放合理 ③准备工作充分，检、量具使用、保养合理	6 3 3	不符合安全生产要求酌情扣2~4分，严重违章不得分直至取消考核资格 不符合文明生产要求酌情扣1~2分 漏一项扣1分，准备不充分、使用不合理酌情扣1~2分

四、模 拟 试 卷

知识考核模拟试卷（一）

（一）**判断题** 下列判断题中正确的请打“√”，错误的请打“×”（每题 1 分，共 30 分）。

1．在使用电动工具时，须戴好绝缘手套，穿好胶鞋。 （ ）

2．砂轮机的砂轮旋向只能使磨屑向下飞离砂轮，托架与砂轮应保持 4 mm 的距离。 （ ）

3．拆卸、修理高压容器时，须打开所有的放泄阀，以使容器内无介质。 （ ）

4．在使用台式钻床、立式钻床、摇臂钻床、手电钻、电磨头时，严禁戴手套操作。 （ ）

5．传动链反映的是主运动或进给运动的电动机到末端传动元件的传动比。 （ ）

6．设备项目修理的确认，要特别注意项目对相连接或相关部件及精度的影响，并预先给以合理的处置。 （ ）

7．设备的修理工艺，即设备修理的工艺规程，分为典型修理工艺和专用修理工艺。专用修理工艺经两三次大修验证，通过整理、完善也可成为典型工艺。 （ ）

8．设备大修后的试车验收包括空运转试车和工作精度试车。 （ ）

9．设备维修的目的是排除设备临时故障，以恢复设备的技术性能。 （ ）

10．铸铁的冷焊法最容易产生白口铁、裂纹，对操作技术的要求也比较高。 （ ）

11．设备常用的润滑油品种有全损耗系统用油、普通液压油、导轨油、锂基脂等。 （ ）

12．设备的润滑作业计划由设备定期清洗、换油计划和定时、定点检查计划组成。 （ ）

13．机械设备安装所用的垫铁主要用来支撑，地脚螺栓用来固定。 （ ）

14．设备的安装灌浆完成后，不能马上进行试运转，要经过 10 ~ 15 天的固化。 （ ）

15．“抛甩”是设备治漏方法之一，它采用截流抛甩，使油不能流向泄漏处，如在轴承附近加接油盘。 （ ）

16．精密零件（主轴、丝杠、蜗杆副等）拆卸后必须注意放置方法，以免零件变形和磕碰伤以致丧失精度。如丝杠必须采用专用的放置胎具。 （ ）

17．机修钳工刮削技术水平的高低，反映在以最少的刮研遍数达到刮削精度的各项要求上。 （ ）

18．三块原始平板刮研的原则是：三块平板互为刮研的基准面，以其中一块为基准面，去刮削其他两块平板，并循环进行，直至达到精度标准。 （ ）

19．粗刮前的机械加工，除留有合理的刮削余量外，还应使表面粗糙度不低于1.6 μm。（ ）

20．用线值法和角值法测量直线度、平行度、垂直度时，其精度要求和标注都不一定相同。（ ）

21．离心泵的修理后试验，首先要将泵体腔内注满液体，然后再进行试验。（ ）

22．设备的安装一次灌浆法是将地脚螺栓预先按设备的地脚螺栓孔尺寸埋在基础内，直接安装设备的方法。（ ）

23．设备的点检是由操作人员和维修人员按设备点检表所规定的每天检查项目共同完成的。（ ）

24．框式水平仪的气泡长度会随温度的变化而改变。（ ）

25．牛头刨床横梁与滑枕运动方向的垂直度的测量，在计算时，要特别注意测得的 a_1 和 b_1 的误差值方向，以判断大于或小于90°和误差的大小。（ ）

26．测量滚齿机工作台面的端面圆跳动时，是将千分表测头压在工作台面的边缘处，回转工作台，其读数的最大差值即是跳动误差值。（ ）

27．设备的空运转试验要求主轴在最高速时转动10 min，滑动轴承的温度不高于60℃，温升不超过30℃。（ ）

28．M131W万能外圆磨床常见的磨削故障是波纹，它是机床综合技术在工件上的反映。除了机、电、液的影响外，其他如砂轮、冷却、工艺，甚至操作都会对其产生影响。（ ）

29．Y54插齿机操作程序中，分齿挂轮的计算和调整，必须使公式 $\frac{a}{b} \times \frac{c}{d} = 2.4\frac{z_{刀}}{z}$ 两端数值相等，挂轮选择才算正确。（ ）

30．Y54插齿机加工齿轮的齿向误差与机床的分齿机构、分齿与滚切传动链的传动精度有很大关系。（ ）

（二）**单项选择题** 下列每题中有多个选项，其中只有1个是正确的，请将正确答案的代号填在横线空白处（每题1分，共40分）。

1．机修钳工使用的手持照明灯，电压必须低于______V。

A．24 B．36 C．124 D．220

2．钻孔快钻透时，应以______进给，防止工件的随动和扭断钻头。

A．最小进给量的自动 B．手动 C．机动 D．较低进给量的自动

3．台虎钳的规格常以______表示。

A．虎钳的高度 B．虎钳的深度 C．虎钳的开口长度 D．钳口的宽度

4．在使用扳手时，手柄不允许用套管任意加长，以防止______过大而损坏扳手或螺钉。

A．拧紧力 B．拧紧变形 C．拧紧力矩 D．拧紧旷量

5．机床的结构特性代号不能用通用特性代号已用过的字母和______。

A．M、N B．L、O C．T、Q D．I、W

6．设备的说明书是一种指导性的技术文件，按其要求和内容就可以完成设备的______。

A．安装和试车 B．试车和投入生产

C．试车和维护、修理 D．投入生产和正常生产

7．设备修理作业计划书的最终目标是______。

A．保证修理的几何精度和技术要求　　B．保证修理质量和降低成本

C．控制修理节点，确保修理周期　　D．保证修理质量和修理周期

8．龙门刨床工作台与床身的配刮质量，关键在于______。

A．工作台的几何精度　　B．床身加工的几何精度

C．地基的技术要求　　D．床身在地基上的安装精度

9．用于螺纹密封的管螺纹 R_c1/2—LH 中的“R_c”的名称及牙型角度为______。

A．圆锥管螺纹（55°）　　B．圆锥管螺纹（60°）

C．圆柱管螺纹（60°）　　D．圆柱管螺纹（55°）

10．片式摩擦离合器传递扭矩的大小主要与摩擦片的______有关。

A．压力、面积、平面度　　B．压力、表面粗糙度、平面度

C．压力、刚性、平面度　　D．压力、弹性、平面度

11．手工电弧焊均以短弧施焊，焊前应不断地进行锤击，除了清渣外，锤击的目的还有______。

A．减轻焊道收缩应力　　B．松弛金属组织、便于再焊

C．增加金属机械强度　　D．增加金属抗拉强度

12．通常按密封部件的特点和密封的______，把密封分为动密封和静密封两大类。

A．方法　B．材料　C．机理　D．作用

13．能够______的介质，就可以作为润滑材料。

A．提高耐磨性　　B．降低摩擦阻力

C．降低运动机理　　D．提高力学性能

14．钙基润滑脂具有良好的抗水性和胶体安定性，多适用于工作温度不超过______℃的一般机械设备的润滑。

A．55　B．60　C．70　D．80

15．设备的润滑油需定期添加，一般在单班制生产中，每月添加油量应是油箱总油量的______。

A．3%～5%　B．5%～8%　C．8%～10%　D．10%～15%

16．根据设备检验项目精度等级的要求，应选用______的平板、平尺、角度尺等工具。

A．相对应精度等级　B．参照精度等级

C．高一级精度等级　D．稍低精度等级

17．重型机械设备在安装前都要对基础进行预压，预压重量是设备自重与允许最大工件重量和的______倍，并压至基础不下沉为止。

A．1　B．1.5　C．2　D．2.5

18．钢筋在混凝土中，主要配制在受力弯曲、偏心受压时，结构承受______的部分。

A．拉应力　B．压应力　C．抗拉强度　D．抗压强度

19．机械设备基座下面的灌浆层需要承受载荷时，其厚度不得小于______mm，并捣实，接触面不允许有间隙。

A．15　B．20　C．25　D．30

20．专用检测工具——心棒，是由与主轴孔的接触部分和检测部分组成的，主要是检测主轴______的径向圆跳动。

A．中心线　　B．前、后轴承连线　　C．孔中心线　　D．孔与中心线

21．B220 龙门刨床开箱后，其金属表面的防锈油涂层的清洗，一般采用加热到______℃后的碱性清洗剂。

A．40 ~ 60　　B．60 ~ 80　　C．80 ~ 100　　D．100 ~ 120

22．弹性流体动力润滑是______世纪中期才发展起来的新型润滑形式。

A．18　　B．19　　C．20　　D．21

23．线隙式滤油器的过滤材料常用______。

A．毛线或丝线　　B．铁丝或钢丝　　C．铂丝或铅丝　　D．铜丝或铝丝

24．回转运动的毡圈密封，毡圈应装在斜度为 4°的梯形槽中，轴和壳体孔间应有______mm 的间隙。

A．0.15 ~ 0.25　　B．0.25 ~ 0.4　　C．0.4 ~ 0.55　　D．0.55 ~ 0.7

25．设备在部件装配时，零件要达到要求，装配应达到装配规范和技术要求，同时还要达到设备修理的______。

A．精度标准　　B．装配精度标准　　C．尺寸链精度标准　　D．通用技术标准

26．用读数显微镜或电接触法测量导轨的直线度时，只能测量导轨的______。

A．垂直面内的直线度　　B．水平面内的直线度　　C．垂直度　　D．平行度

27．下列采用线值法测量直线度的方法中，没有数据，只能靠判断的有______。

A．研点法　　B．平尺拉表比较法　　C．间隙比较法　　D．拉钢丝检验法

28．离心泵的蜗壳所起的作用是使液体获得能量，并将一部分能量转变为______，所以离心泵既可输送液体，又可将液体输送到一定高度。

A．动能　　B．功能　　C．势能　　D．液体压力

29．安装部门验收时，设备基础是根据______对基础工程进行全面审查的。

A．基础施工图和材料清单　　B．基础施工图和规范

C．基础施工图和记录资料　　D．基础设计图和二次灌浆要求

30．在安装设备时，垫铁的标准垫法是______。

A．地脚螺栓侧放一组垫铁　　B．地脚螺栓两侧各放一组垫铁

C．两地脚螺栓中间放一组垫铁　　D．两地脚螺栓中间放三组垫铁

31．设备的完好率是指______。

A．设备的完好程度　　B．设备完好项目/总项目

C．设备点检合格项目/总项目　　D．完好设备台数/在用设备台数

32．设备的周检是周末设备进行的全面擦拭、清洗、检查、调整等工作，使设备处于______状态。

A．正常工作　　B．完好　　C．新设备　　D．无故障

33．用水平仪测量立柱导轨对工作台面的垂直度时，两处位置的水准气泡偏移方向相反、数值相同，则垂直度______。

A．小于 90°　　B．等于 90°　　C．大于 90°

34．测量牛头刨床滑板移动方向相对于滑枕移动方向的垂直度时，计算公式为 $\Delta = \frac{a_2 L}{l} + b_2$，若 $L = l = 250$ mm，$a_2 =$ 右 $+0.05$ mm，$b_2 =$ 前 $+0.03$ mm，那么垂直度误差为______mm。

A．0.02　B．－0.02　C．0.05　D．0.08

35．在测量摇臂钻床主轴中心线相对于底座工作面的垂直度时，千分表的回转半径一般要求是______ mm。

A．100　B．150　C．180　D．200

36．精密机床在各种转速下，空运转的噪声标准应是______ dB。

A．70　B．75　C．80　D．85

37．设备运转产生的噪声源或振动源，可用先进的故障诊断技术来诊断。故障诊断技术主要是通过______采样，然后由故障诊断仪器分析来测定故障的。

A．探头　B．传感器　C．示波器　D．接触器

38．M131W 万能外圆磨床要更换砂轮时，新砂轮必须要以工作速度______倍的速度进行空运转试验，再经过两次静平衡之后才能装入机床正常使用。

A．1～1.2　B．1.2～1.5　C．1.5～1.8　D．1.8～2.0

39．由于砂轮修整不良、母线不直，工作台速度及工件转速过高，横进给量过大，工作台导轨润滑油压力过高，使 M131W 万能外圆磨床在磨削工件表面时常出现______。

A．直波纹（棱圆）　B．鱼鳞波纹　C．拉毛痕迹　D．螺旋线

40．Y54 插齿机加工齿轮精度的齿距累积误差、齿向误差、齿距偏差、齿形误差的共同影响因素是______。

A．工作台蜗杆副的轴向窜动过大　B．刀架蜗轮安装与刀轴中心线不垂直

C．工件安装精度超差　D．刀轴的间隙过大

（三）**多项选择题**　下列每题的多个选项中，至少有 2 个是正确的，请将正确答案的代号填在横线空白处（每题 1 分，共 30 分）。

1．高处作业必须______。

A．穿好工作服　B．戴好手套　C．戴好安全帽

D．带好工具袋　E．穿好绝缘鞋　F．系好安全带

2．摇臂钻床是依靠移动钻床的主轴对准工件上孔的中心线而工作的。主轴的运动有______。

A．主轴自身上、下运动　B．主轴自身的翻转

C．随主轴箱上、下移动　D．随摇臂绕立柱回转

E．随主轴箱沿摇臂导轨水平移动　F．随主轴箱的回转

3．使用电磨头时，安全方面要注意______。

A．穿胶鞋，戴绝缘手套　B．使用前要空运转 8～10 min

C．砂轮外径不允许超过铭牌规定尺寸　D．新砂轮必须进行修整

E．砂轮必须进行静平衡　F．砂轮与工件接触力不宜过大

4．设备型号所标的主参数为折算值，其折算系数有______。

A．1　B．1/2　C．1/10　D．1/20　E．1/50　F．1/100

5．设备项目性修理（项修）的主要工作内容有______。

A．指定的修理项目的修理

B．几何精度的全面恢复

C．设备常见故障的排除

D. 项修对相连接或相关部件的几何精度影响的预先确认和处理

E. 对相关几何精度影响的预先确认和处理

F. 设备力学性能的恢复

6. 设备的修理工艺具体规定了设备修理程序，以保证设备______的每个环节的修理质量。

A. 从解体到总装　B. 从零件到部件　C. 从精度到试车

D. 从部件到总装　E. 从机械到电气　F. 从总装到试车

7. 联轴器是用来传递运动和扭矩的部件，其作用有______。

A. 减少传递扭矩的损耗　B. 补偿两轴的位置偏斜　C. 减少轴向力

D. 吸收振动　E. 减少冲击　F. 工作可靠

8. 滚动轴承、滑动轴承及一般齿轮箱所用的润滑油牌号有______全损耗系统用油。

A. L—AN10　B. L—AN15　C. L—AN22

D. L—AN32　E. L—AN46　F. L—AN68

9. 设备日常维护保养的主要内容有______。

A. 日保养　B. 周保养　C. 旬保养　D. 月保养　E. 小修　F. 点检

10. 锂基润滑脂中添加______后，常用于矿山、建筑、重型机械等大型设备的润滑。

A. 抗酸剂　B. 抗碱剂　C. 抗氧剂

D. 抗锈剂　E. 抗蚀剂　F. 抗潮剂

11. 设备油箱的润滑油在使用过程中要定期进行添加，其原因是由于润滑油的______。

A. 挥发　B. 自然减少　C. 飞溅　D. 流失　E. 渗漏　F. 损耗

12. CA6140 卧式车床刮削和测量用的角度块的角度有______。

A. 30°　B. 45°　C. 55°　D. 60°　E. 90°　F. 110°

13. 运行的机械设备常产生______，所以混凝土的基础及设备的安装必须坚实、牢固。

A. 位移　B. 变形　C. 振动　D. 噪声　E. 超声波　F. 冲击

14. 一般机械设备的润滑方式有______。

A. 浇油　B. 油绳　C. 溅油

D. 旋盖式油杯　E. 油泵循环　F. 压配式压注油杯

15. 液体润滑剂主要采用______等液体作为润滑剂。

A. 动物润滑油　B. 矿物润滑油　C. 植物润滑油

D. 合成润滑油　E. 浮化油　F. 水

16. 设备拆卸的加热拆卸法，其加热温度不能过高，要根据零部件的______来确定。

A. 种类　B. 硬度　C. 形状　D. 结构　E. 精度　F. 刚性

17. 刮削是一种精加工方法，它是由______组成的。

A. 刮削材料　B. 刮削刀具　C. 刮研工具

D. 刮削余量　E. 显示剂　F. 测量工具

18. 平面的检验精度包括______。

A. 直线度　B. 平面度　C. 平行度

D. 研点精度　E. 垂直度　F. 表面粗糙度

19. 单级或多级离心泵，由于叶片产生的轴向力比较大，所以常采用______自动调整叶片的一侧压力，使轴向力平衡。

A．平衡力　　B．平衡块　　C．平衡锤

D．平衡缸　　E．平衡孔　　F．平衡盘

20．经常对设备进行的______工作称为保养。

A．检查　B．清洗　C．润滑　D．维护　E．修理　F．故障排除

21．金属切削机床的______均已满足生产工艺要求，则可称为完好设备。

A．功率　B．传动　C．机构　D．精度　E．技术　F．性能

22．量棒也称为检验心棒，它是由连接部分和检验部分组成的，连接部分常用的是______和一些特殊量棒。

A．圆柱形　　B．莫氏锥度　　C．1:20 公制锥度

D．7:24 锥度　　E．1:50 锥度　　F．胀套式

23．在测量摇臂钻床立柱相对于底座工作面的垂直度时，需做的工作是______。

A．摇臂要转到机床的纵平面内　　B．主轴伸到最高位置

C．摇臂处于立柱中间位置　　D．主轴箱处于摇臂中间位置

E．主轴降到最低转速　　F．主轴箱、立柱、摇臂均应夹紧

24．测量卧式车床主轴锥孔中心线对床身导轨的平行度时，两次测量结果为（均以心棒根部为零）：$a_1 = +0.01$ mm，$a_2 = +0.02$ mm，$b_1 = +0.01$ mm，$b_2 = +0.015$ mm，则______。

A．心棒中凸 0.01 mm　　B．心棒中凹 0.015 mm　　C．心棒中凹 0.03 mm

D．心棒后勾 0.005 mm　　E．心棒前勾 0.012 5 mm　　F．心棒前勾 0.025 mm

25．金属切削机床主轴的回转精度主要有______。

A．主轴孔中心线的径向圆跳动　　B．主轴定位轴颈的径向圆跳动

C．主轴定位端面的端面圆跳动　　D．主轴的刚性变形

E．主轴轴承的温度　　F．主轴的轴向窜动

26．设备大修后，运行（动态）检查的项目有______。

A．刚性试验　　B．强度试验　　C．空运转试验

D．负荷试验　　E．工作精度试验　　F．传动链精度试验

27．设备空运转试验时，要检查设备的安全操作规范，有些设备在安全方面还要检查设备的______。

A．安全技术　　B．安全标准　　C．安全穿戴

D．安全条件　　E．安全措施　　F．安全设施

28．设备空运转时常见的故障有______。

A．外观质量　　B．通过调整可解决的故障　　C．通过调整不可解决的故障

D．噪声　　E．发热　　F．弹性变形

29．M131W 万能外圆磨床用内圆磨头磨削工件表面呈多菱形时，主要产生的原因有______。

A．头架箱体固定不牢

B．头架主轴轴承间隙过大

C．头架装轴承处主轴轴颈圆度超差

D．三爪自定心卡盘与法兰盘在主轴上有松动

E．头架带轮磨损

F．工件装夹不牢

30．Y54 插齿机加工齿轮精度受机床传动系统______等的影响很大。

A．机床的几何精度误差

B．机床传动链的传动精度误差

C．传动元件失效所引起的振动、热变形及受力变形

D．零部件的装配精度误差

E．运动副的间隙调整误差

F．工件、刀具的安装误差

知识考核模拟试卷（二）

（一）判断题 下列判断题中正确的请打“√”，错误的请打“×”（每题 1 分，共 30 分）。

1．机修钳工使用的手持照明灯，电压应在 34 V 以下。（ ）

2．钻床分为台式钻床、立式钻床、摇臂钻床，它们以手动、自动进给来进行钻、扩、铰、锪孔和攻螺纹工作。（ ）

3．机床组代号用一个阿拉伯数字表示，写在通用特性代号之后，系代号用一个阿拉伯数字表示，写在组代号之后。（ ）

4．设备型号构成中，一般是每类分 10 个组，每组分 10 个系列。（ ）

5．设备制造厂承修自产设备的优越性是修理质量容易保证、周期短、成本低。（ ）

6．设备修理工艺即修理的工艺规程，分为典型修理工艺和专用修理工艺。（ ）

7．螺纹的基本要素由牙型、直径、螺距（或导程）、线数、精度和旋向六个要素组成。（ ）

8．超越离合器可以传递两种不同的转速。（ ）

9．设备泄漏的防治方法是堵漏。（ ）

10．我国的润滑油黏度大多数采用运动黏度表示。（ ）

11．使用完毕的工、量具必须完好，并擦净才能入库。（ ）

12．设备的安装放线是根据施工平面图，在基础上画出设备纵、横中心线和相应的其他基准线。（ ）

13．设备安装完毕且精度校准合格后，必须在 12 h 内完成灌浆工作。（ ）

14．润滑的作用之一是密封。（ ）

15．油绳或油毡只能使用全羊毛制品，不能使用合成纤维或混纺制品。（ ）

16．设备零部件的拆卸顺序一定要与装配顺序相同。（ ）

17．刮削余量的合理规定主要和刮削的面积有关。（ ）

18．平板表面质量的表示方法可以以 25 mm×25 mm 方框内的显点数或平面度表示。（ ）

19．利用水平仪测量导轨直线度时，导轨长 2 m，每段测量长度为 200 mm，测量 7 段，

则可画出曲线图。 (　　)

20．离心泵的扬程降低的主要原因之一是空气进入泵内或液体泄漏。 (　　)

21．成对斜垫铁组的使用，正确的组合应是组成平垫铁状，但可以调整高低。 (　　)

22．设备的定期检查是由维修人员指导操作人员进行的。 (　　)

23．采用直尺（平尺、桥尺等）测量导轨的直线度时，导轨长度一般不超过 2 m。 (　　)

24．测量卧式车床主轴锥孔中心线的径向圆跳动时，将心棒随主轴旋转 180° 再测量一次，两次测量结果代数和的一半，则是心棒的制造误差。 (　　)

25．滚齿机工作台定位孔中心线径向圆跳动的测量方法与卧式车床主轴锥孔中心线径向圆跳动的测量方法一样。 (　　)

26．设备空运转试验前，允许局部的运转，以使设备某些部件预先润滑。 (　　)

27．设备的工作精度试验主要是检验设备的综合精度和性能。 (　　)

28．M131W 万能外圆磨床磨削外圆的最大直径是 ϕ315 mm，磨削内孔的最大直径是 ϕ125 mm，磨削内、外圆的最小直径是 ϕ8 mm。 (　　)

29．M131W 万能外圆磨床的液压系统压力达到 80 Pa 后，砂轮才能启动。 (　　)

30．Y54 插齿机加工内齿轮时，要求刀具回转方向与工件回转方向相反。 (　　)

（二）**单项选择题**　下列每题中有多个选项，其中只有 1 个是正确的，请将正确答案的代号填在横线空白处（每题 1 分，共 40 分）。

1．液压千斤顶是利用______使活塞杆移动来举起重物的。

A．杠杆机械力　B．液体压力　C．电力　D．螺旋升力

2．手拉葫芦工作的制动是靠______来实现的。

A．重物自重产生的摩擦力　B．弹簧产生的机械压力

C．抱闸产生的摩擦力　D．液压力

3．摇臂钻床工作后，主轴箱应靠近立柱，摇臂应在立柱的______位置，且均应夹紧。

A．1/2　B．1/3　C．最低　D．最高

4．轴的拆卸要根据______来确定正确的拆卸方向。

A．零件图　B．结构图　C．传动图　D．装配图

5．设备型号的构成有______项内容。

A．8　B．9　C．10　D．12

6．设备的电气技术主要是将动力源通过电线连接各电气元件和组件，以______来控制设备各运动件的机械运动。

A．电流或电压　B．交流电或直流电　C．通电或断电　D．强电或弱电

7．作业计划书的核心部分是在修理过程中保证各个节点所需要的______。

A．备件和材料　B．人工和材料　C．人工和备件　D．人工和作业天数

8．设备的修理工艺具体规定了设备的______、修理方法和技术要求。

A．修理程序　B．修理项目　C．修理精度　D．修理目标

9．设备复杂系数是制订设备管理和修理工作各种______的依据。

A．标准　B．定额　C．费用　D．指标

10．铆接中的热铆是将直径大于 10 mm 的钢铆钉加热到______℃进行的。

A．600 ~ 800　　B．800 ~ 1 000　　C．1 000 ~ 1 100　　D．1 100 ~ 1 200

11．应用______堵漏是最常见、最主要的堵漏方法之一。

A．高科技密封材料　　B．疏导技术　　C．最佳的密封方法　　D．密封技术

12．采用润滑脂润滑时，由于它的转矩损失较大，所以填充量一般不超过运动体空间的______。

A．1/4　　B．1/3　　C．1/2　　D．3/5

13．坐标镗床是精密机床，所以它的导轨润滑常采用______号导轨油。

A．32　　B．68　　C．100　　D．150

14．冷拔无缝钢管具有较小的外径尺寸公差，所以它是______式管接头的首选连接钢管。

A．球头　　B．卡套　　C．锥度　　D．螺纹

15．CA6140 卧式车床精度检测心棒共用了______次。

A．8　　B．10　　C．12　　D．14

16．6 根绳子的三三滑轮组，提升重物为 300 kg，提升重物的拉力为______ kg。

A．50　　B．100　　C．150　　D．300

17．安装重、大型设备时，常用经______处理的枕木。

A．烘干　　B．防腐　　C．加固　　D．加压

18．设备的灌浆一般宜用______混凝土。

A．粗碎石　　B．中碎石　　C．细碎石　　D．中砾石

19．设备的基础浇灌后，至少要养护______天才能安装设备。

A．3 ~ 5　　B．5 ~ 7　　C．7 ~ 14　　D．14 ~ 20

20．油绳润滑利用的是______原理。

A．吸油　　B．毛细管　　C．顺流　　D．压力

21．润滑系统的清洗可选用 L—AN15 或 L—AN22 全损耗系统用油，若再加热到______℃，其效果会更好。

A．30 ~ 40　　B．40 ~ 50　　C．50 ~ 60　　D．60 ~ 70

22．带有唇口密封的旋转轴密封件称为油封，一般是由______制成的。

A．耐油橡胶材料　　B．石墨密封材料

C．塑料密封材料　　D．天然橡胶材料

23．设备的操作规程是操作人员______设备必须遵守的规程。

A．检查　　B．操作　　C．保养　　D．维修

24．零件的拆卸方式有很多，______法是适用场所最广泛、不受条件限制、最简便的方式，一般零件的拆卸几乎都可以用它。

A．压卸　　B．拉卸　　C．击卸　　D．加热拆卸

25．设备在部件装配时，其零件、装配规范和装配技术要求都要达到标准，同时还要达到设备修理的______。

A．精度标准　　B．通用技术标准　　C．装配精度标准　　D．尺寸链精度标准

26．平面的精刮验收精度一般要达到______点/25 mm × 25 mm。

A．6 ~ 10　　B．10 ~ 16　　C．16 ~ 20　　D．20 ~ 25

27．铸铁件工、检具的时效处理是一关键的制造工艺工序，以______消除内应力的效果最佳。

A．炉子时效　　B．振动时效　　C．自然时效　　D．机械时效

28．用水平仪测量导轨的直线度时，其读数（格）也可以用线值法表示，公式则是______。

A．Δ = 水平仪精度值 × 测量总长 × 实测误差格数

B．Δ = 水平仪精度值 × 每段长度 × 实测误差格数

C．Δ = 水平仪精度值 × $\frac{\text{每段长度}}{\text{总长度}}$ × 实测误差格数

D．Δ = 水平仪精度值 × $\frac{\text{总长度}}{\text{每段长度}}$ × 实测误差格数

29．在离心泵停止工作前，应首先关闭______阀门，然后再关原动机。

A．排水口　　B．进水口　　C．进水口与排水口　　D．安全

30．设备安装时，垫铁应尽量靠近地脚螺栓放置，相邻的两垫铁组的距离一般应为______ mm。

A．400 ~ 600　　B．500 ~ 800　　C．500 ~ 1 000　　D．800 ~ 1 200

31．卧式车床的手轮或手柄转动时，其转动力用拉力器测量，不应超过______N。

A．100　　B．80　　C．70　　D．60

32．用于制造平尺、平板、角度尺且应力很小、基本不变形的材料中，当前最先进的是______。

A．塑性材料　　B．特殊铸铁材料　　C．合金材料　　D．岩石材料

33．利用水平仪测量两平面的垂直度时，在两平面位置的水准气泡偏移方向相同，数值相同，则两平面的垂直度______。

A．小于 90°　　B．等于 90°　　C．大于 90°　　D．其他

34．牛头刨床横梁移动方向对滑枕移动方向的垂直度测量中，计算公式为 $\Delta = \frac{a_1 L}{l} + b_1$，若 $L = l = 300$ mm，$a_1 = 0.05$ mm（前加表），$b_1 = 0.08$ mm（下加表），则其垂直度应______。

A．小于 90°　　B．等于 90°　　C．大于 90°

35．进行卧式车床主轴定心轴颈径向圆跳动检查时，其读数值的______即是它的误差。

A．代数和　　B．代数和的一半　　C．最小差值　　D．最大差值

36．测量滚齿机圆工作台面的端面圆跳动时，其两次测量结果为 $a = 0.02$ mm，$b = 0.04$ mm，那么端面圆跳动的误差值是______ mm。

A．0.01　　B．0.03　　C．0.02　　D．0.04

37．设备主运动机构的转速试验，应从最低速到最高速，每级转速不得少于______min，最高转速不得少于 30 min。

A．1　　B．2　　C．3　　D．4

38．设备在多级转速运转时，不得有明显的振动。磨床、精密机床的振动标准是不超过______μm。

A．1～3　B．2～5　C．3～7　D．5～10

39．M131W 万能外圆磨床中，砂轮旋转的启动是与______连锁的，达不到要求则不能启动。

A．砂轮架退到最后位置　B．手摇工作台手轮脱开位置

C．工作台速度手柄处于零位　D．液压系统压力

40．插齿刀的几何形状误差主要影响到 Y54 插齿机加工齿轮的______。

A．齿向误差　B．齿距偏差　C．齿形误差　D．齿距累积误差

（三）**多项选择题**　下列每题的多个选项中，至少有 2 个是正确的，请将正确答案的代号填在横线空白处（每题 1 分，共 30 分）。

1．使用电动工具时，须穿戴好______。

A．口罩　B．工作服　C．安全帽

D．胶鞋　E．安全带　F．绝缘手套

2．在使用千斤顶时，要特别注意______。

A．使千斤顶垂直于重物表面　B．用力均匀　C．严防滑移、滑脱

D．重物上升缓慢　E．不超过负载能力　F．重物旁无人

3．采用三相电压的电钻规格有______。

A．6 mm　B．10 mm　C．13 mm　D．19 mm　E．23 mm　F．25 mm

4．设备型号中的主参数是表示机床主要规格大小的一种参数，其表示均为折算值，折算系数有______。

A．1　B．1/10　C．1/20　D．1/50　E．1/100　F．1/200

5．用户在设备到货后，开箱时要根据说明书的内容验收______。

A．设备的外观和完整性　B．设备的地基　C．设备的几何精度

D．明细表中的辅件和专用工具　E．设备的力学性能　F．设备的技术资料

6．设备制造厂承修自产设备的最大优势是______，所以是我国设备修理的发展方向。

A．生产管理和技术　B．人员技术和设备的专用　C．备件和技术

D．修理质量容易保证　E．修理周期短　F．修理成本低

7．设备的修理复杂系数是设备修理复杂程度的一个量，用“F”表示，常在金属切削机床中用的有______。

A．F_J　B．F_A　C．F_C　D．F_D　E．F_Y　F．F_Z

8．铸铁的冷焊法常产生的缺点有______。

A．金属组织细化　B．裂纹　C．气孔

D．砂眼　E．白口铁　F．操作技术要求较高

9．润滑脂的供给方式有______。

A．供油装置　B．循环供油　C．定期加油

D．维修时加油　E．中修时加油　F．一次性加油，长期不再维护

10．设备安装常用的橡胶管按其性能和用途可分为______橡胶软管。

A．水　B．蒸汽　C．压缩空气

D．氧气、乙炔　E．化学气体　F．高压液体

11．设备修理作业的工、夹、量具的保管和维护应该做到______。

A．专业库房，专人保管　B．分类存放，明显标识　C．使用完后，擦净上油

D．放置合理，方法正确　E．完好无损，精度合格　F．特殊使用，入库管理

12．设备安装地脚螺栓的拧紧，应按照______的方法，才能使地脚螺栓和设备受力均匀。

A．从两端开始　B．从中间开始　C．从两端向中间

D．从中间向两端　E．对称轮换逐次拧紧　F．交叉轮换逐次拧紧

13．重型设备安装时要预压基础，主要是防止设备安装后的______。

A．断裂　B．倾斜　C．变形　D．下沉　E．加固　F．压实

14．卧式车床的润滑方式有______润滑。

A．浇油　B．溅油　C．油绳

D．压配式压注油杯　E．旋盖式油杯　F．油泵循环

15．______滤油器，因其过滤材料的特点，只能更换新的滤油器或反向通入清洗液进行冲洗。

A．网式　B．线隙式　C．纸芯式

D．烧结式　E．分离式　F．汽化式

16．气体润滑剂采用______等气体作为润滑剂，将摩擦表面用高压气体分离开。

A．氧气　B．空气　C．蒸汽　D．氮气　E．氢气　F．氦气

17．设备日常维护保养的主要内容有______。

A．日保养　B．周保养　C．旬保养

D．月保养　E．维修保养　F．小修保养

18．设备拆卸的加热拆卸法，其加热温度不能过高，要根据零部件的______来确定。

A．种类　B．硬度　C．刚性　D．形状　E．结构　F．精度

19．设备在拆卸时，零部件的拆卸要按与装配方向相反的方向进行，并要注意零件的______。

A．连接形式　B．连接尺寸　C．连接位置

D．连接方向　E．固定形式　F．固定种类

20．设备装配过程中，部件装配完后就要进行试验，除了空运转试验外，其他的试验还有______等。

A．精度试验　B．负荷试验　C．平衡试验

D．动力试验　E．压力试验　F．密封试验

21．常用的减速器技术指标有______。

A．传动链表达式　B．传动比　C．传动结构

D．装配形式　E．承载能力　F．输出轴颈尺寸

22．离心泵中的叶片泵是依靠工作时叶轮或叶片的旋转来输送液体的，______都属于叶片泵。

A．往复泵　B．离心泵　C．喷射泵

D．回转泵　E．扬酸泵　F．轴流泵

23．设备几何精度中直线度、平行度、垂直度的测量，主要是掌握______，并要正确、可靠。

A．测量工具的使用　　B．测量量具的使用　　C．测量方法

D．测量温度　　E．测量误差的读法　　F．误差值的计算方法

24．量棒在设备的几何精度检验中，主要的测量项目有______。

A．旋转中心线的径向圆跳动、轴向窜动　B．中心线与中心线的同轴度、相交度

C．旋转中心线的端面圆跳动　　D．中心线与中心线的平行度、垂直度

E．中心线与平面的平行度、垂直度　　F．中心线与平面的同轴度

25．设备的辅助机构在空运转试验时，也要检查其安全性、可靠性。辅助机构主要有______。

A．电气系统　　B．液压系统　　C．制动装置

D．夹紧装置　　E．转位装置　　F．自动循环装置

26．操作者要正确、合理、安全地操作设备，必须要熟悉设备的______。

A．机械传动系统　　B．电气原理　　C．液压原理

D．设备的性能　　E．设备的加工范围　　F．设备操作手柄的位置和用途

27．M131W万能外圆磨床用内圆磨头加工工件圆度超差的主要原因有______。

A．砂轮修整不良　　B．冷却液不足

C．头架主轴轴承间隙过大　　D．头架主轴装轴承处的轴颈圆度超差

E．头架箱体轴承孔磨损严重　　F．头架带轮与传动带调整过紧

28．插齿机刀具的运动一般要由______组成。

A．回转运动　　B．直线运动　　C．让刀运动

D．分齿运动　　E．径向进给　　F．轴向进给

29．Y54插齿机工作时，工件的宽度决定插刀的行程长度，插刀的______决定插刀的双行程数值。

A．模数　　B．齿数　　C．行程

D．超越行程　　E．行程位置　　F．插齿速度

30．Y54插齿机的常见故障主要反映在加工齿轮的精度上，其因素很多，关系到机床的因素主要有______。

A．机床的几何精度和传动链精度误差

B．机床的电气设备与机械设备动作不协调

C．机床机构中引起的振动

D．机床的刀具几何形状误差

E．机床的热变形和受力变形

F．机床的工件安装误差

五、参考答案

知识试题

（一）判断题

1.×　2.×　3.×　4.×　5.√　6.√　7.×　8.×　9.×　10.√
11.×　12.√　13.×　14.√　15.√　16.×　17.√　18.×　19.√　20.×
21.√　22.×　23.×　24.×　25.×　26.×　27.√　28.×　29.×　30.√
31.×　32.√　33.×　34.×　35.√　36.√　37.√　38.×　39.×　40.√
41.√　42.×　43.×　44.×　45.√　46.×　47.×　48.√　49.×　50.√
51.√　52.×　53.√　54.√　55.×　56.×　57.√　58.×　59.√　60.√
61.×　62.×　63.√　64.×　65.×　66.√　67.√　68.×　69.√　70.√
71.×　72.√　73.×　74.√　75.×　76.√　77.√　78.×　79.√　80.×
81.√　82.×　83.√　84.√　85.×　86.×　87.√　88.×　89.×　90.×
91.√　92.×　93.√　94.√　95.×　96.×　97.√　98.√　99.×　100.√
101.×　102.×　103.√　104.√　105.√　106.×　107.√　108.√　109.×　110.×
111.√　112.×　113.√　114.×

（二）单项选择题

1.B　2.B　3.B　4.D　5.C　6.A　7.C　8.B　9.A　10.B
11.C　12.D　13.C　14.B　15.D　16.C　17.D　18.D　19.D　20.C
21.D　22.C　23.B　24.D　25.C　26.B　27.B　28.C　29.B　30.C
31.C　32.B　33.C　34.C　35.B　36.B　37.C　38.B　39.C　40.C
41.C　42.B　43.C　44.B　45.B　46.A　47.C　48.C　49.C　50.D
51.D　52.B　53.B　54.B　55.C　56.C　57.A　58.B　59.C　60.B
61.C　62.C　63.D　64.C　65.B　66.C　67.C　68.B　69.A　70.B
71.B　72.A　73.B　74.B　75.C　76.C　77.B　78.C　79.D　80.D
81.C　82.C　83.B　84.A　85.B　86.C　87.B　88.C　89.C　90.C
91.B　92.C　93.D　94.C　95.C　96.B　97.B　98.A　99.C　100.D
101.B　102.C　103.B　104.C　105.B　106.D　107.B　108.D　109.B　110.B
111.C　112.B　113.C　114.B　115.D　116.B　117.B　118.D　119.B　120.C
121.C

（三）多项选择题

1.BE　2.CD　3.BCEF　4.ABDF　5.ACDE　6.ABC　7.CDE
8.BCDE　9.ACDF　10.ACDF　11.ACF　12.AD　13.ADF　14.BDE

15.AD 16.ADEF 17.CEF 18.ADE 19.ACE 20.BDF 21.BDE
22.ACF 23.BCD 24.BDE 25.ACE 26.BCF 27.CDE 28.ABEF
29.BD 30.BF 31.BDE 32.ACDF 33.CD 34.BDF 35.ACF
36.CD 37.ACDE 38.ABCDEF 39.ABEF 40.AC 41.ABCDE 42.CE
43.AD 44.ACE 45.ABCDEF 46.AD 47.BD 48.CD 49.BD
50.ACDEF 51.ABCDEF 52.ABE 53.ADEF 54.ADEF 55.BD 56.BD
57.ABCF 58.ACDF 59.AD 60.ABEF 61.AB 62.AD 63.BDEF
64.ABD 65.CDE 66.CD 67.ACDF 68.ABE 69.ABEF 70.ACD
71.ADE 72.CD 73.CF 74.ADE 75.CE 76.ABEF 77.ACE
78.BC 79.AC 80.ADEF 81.ACE 82.ACE 83.AB 84.ABCD
85.DF 86.ABCF 87.DE 88.ACDF 89.ADE 90.ADE 91.ABDF
92.BE 93.ACE 94.ABCD 95.ACE 96.CDEF 97.ABCEF 98.CD
99.BDE 100.ABD 101.ABCE 102.ACE 103.BDEF 104.BCDF 105.BC

知识考核模拟试卷（一）

（一）判断题

1.√ 2.× 3.√ 4.× 5.× 6.√ 7.√ 8.× 9.√ 10.√
11.× 12.√ 13.× 14.× 15.× 16.× 17.√ 18.√ 19.× 20.√
21.× 22.√ 23.× 24.√ 25.√ 26.× 27.× 28.√ 29.√ 30.×

（二）单项选择题

1.B 2.B 3.D 4.C 5.B 6.D 7.C 8.D 9.A 10.B
11.A 12.C 13.B 14.B 15.C 16.A 17.C 18.A 19.C 20.C
21.B 22.C 23.D 24.B 25.D 26.B 27.A 28.C 29.C 30.B
31.D 32.B 33.A 34.D 35.B 36.C 37.B 38.B 39.D 40.C

（三）多项选择题

1.CF 2.ACDE 3.ACDF 4.ACF 5.ADE 6.BDF 7.BDE
8.BDE 9.AB 10.CD 11.ACF 12.CE 13.CF 14.ABCDEF
15.BDEF 16.BCDE 17.BCEF 18.BDF 19.EF 20.AD 21.DF
22.ABCD 23.ACDF 24.BE 25.ABCF 26.CDE 27.EF 28.ABDE
29.BDF 30.BC

知识考核模拟试卷（二）

（一）判断题

1.× 2.× 3.√ 4.√ 5.√ 6.√ 7.√ 8.√ 9.× 10.√
11.× 12.√ 13.× 14.√ 15.√ 16.× 17.√ 18.× 19.× 20.√
21.√ 22.× 23.√ 24.× 25.√ 26.√ 27.√ 28.× 29.× 30.√

（二）单项选择题

1.B 2.A 3.C 4.D 5.C 6.C 7.D 8.A 9.B 10.C
11.D 12.B 13.C 14.B 15.C 16.A 17.B 18.C 19.C 20.B
21.C 22.A 23.B 24.C 25.B 26.D 27.C 28.B 29.A 30.C
31.B 32.D 33.B 34.C 35.D 36.D 37.B 38.A 39.D 40.C

（三）多项选择题

1.DF 2.ACE 3.CDE 4.ABE 5.ADF 6.DEF 7.ADE
8.BEF 9.CF 10.BCDF 11.ABCDE 12.BDE 13.BD 14.ABCDEF
15.BD 16.BCDF 17.AB 18.BDEF 19.ACE 20.BCEF 21.BDE
22.BF 23.CF 24.ABDE 25.CDEF 26.DEF 27.CDE 28.ABE
29.CF 30.ACE

第二部分　中级机修钳工

一、学 习 要 点

表Ⅱ—1

工作内容	序号	学习要点	重要程度
劳动保护与作业环境准备	1	简单机械的安全操作技术	掌握
	2	安全生产与安全操作规程	掌握
	3	钳工安全用电知识	熟知
技术准备	1	常用的机械传动元件	熟知
	2	设备机械传动系统	掌握
	3	设备机械传动链及传动链方程式	掌握
	4	Y3150E滚齿机的机械传动分析	了解
物料、工具准备	1	设备润滑油的选用	掌握
	2	机械设备的摩擦与磨损	了解
	3	设备修理前的检查作业	了解
	4	典型零件的修复、更换的确定	掌握
	5	磨损零件的修复、更换的确定	掌握
	6	设备修理用辅助材料	熟知
设备搬迁、安装调试	1	卧式车床的安装技术	掌握
	2	设备安装基础的制作	掌握
	3	零件机械加工的基准、定位和夹紧	熟知
	4	设备夹具的组成	掌握
	5	设备组合夹具的组成	了解
设备润滑、保养和维修	1	润滑油失效的鉴别	掌握
	2	M131W万能外圆磨床液压油失效的鉴别	了解
	3	润滑的添加剂	熟知
	4	精密机床零部件的润滑	熟知
	5	设备的一级保养内容、计划、检查与验收	掌握
	6	卧式车床常见故障及排除	熟知
	7	牛头刨床常见故障及排除	熟知

续表

工作内容	序号	学习要点	重要程度
设备中修（项修）、大修及精化	1	金属切削设备夹具的应用	熟知
	2	滑动轴承的修理、装配与调整	掌握
	3	滚动轴承的修理、装配与调整	掌握
	4	动压润滑原理，动压导轨与轴承	熟知
	5	静压润滑原理，静压导轨与轴承及动静压润滑	熟知
	6	圆形孔及圆导轨的刮研	掌握
设备外观检查	1	设备定期检查	掌握
	2	设备运行中的外观检查及故障分析	熟知
	3	润滑油变质的判定方法	掌握
	4	机械磨损、锈蚀	了解
设备几何精度检查（静态）	1	卧式车床的几何精度检查及几何精度超差的分析	掌握
	2	牛头刨床的几何精度检查及几何精度超差的分析	掌握
	3	机床几何精度分析、处理的一般规则	熟知
	4	机床几何精度测量的注意事项	熟知
设备运行检查（动态）	1	设备负荷试验的内容、要求及故障排除	掌握
	2	设备工作试验的内容、要求及故障排除	掌握
	3	卧式车床工件精度超差的分析及排除	熟知
	4	牛头刨床工件精度超差的分析及排除	熟知
特殊检查	1	设备振动诊断、监测及仪器	了解
	2	设备振动诊断、监测参数及选择	熟知
	3	设备振动监测标准	熟知
	4	金属材料硬度及测量方法	掌握
	5	旋转机械静平衡技术	掌握

二、知 识 试 题

（一）**判断题**　下列判断题中正确的请打“√”，错误的请打“×”。

1．使用液压千斤顶时，要放下重物时须缓慢地放开回油阀，不能突然放开。（　）

2．安装卷扬机时，卷扬机距起吊物应超过 10 m 以上。（　）

3．安全生产方针是“安全第一，预防为主”。文明生产是对生产现象的科学管理。（　）

4．事故的“三不放过”，即事故未查清原因不放过，当事者未吸取教训不放过和事故未得出结论不放过。（　）

5．机修钳工在修理设备时，应远离电源，不准用湿手牵拉电线，若发现电线外皮老化或局部砸伤、破损，应立即采取保护或更换等防护措施。（　）

6．为防止触电事故的发生，常采用保护接地和保护接零的措施，即通过接地装置或直接将电气设备或装置与大地连接。（　）

7．带传动的带轮线速度 $v>5$ m/s 时应进行静平衡，$v>25$ m/s 时应进行动平衡。（　）

8．斜齿轮的几何尺寸计算以端面模数 m_t 为标准，端面模数与法向模数 m_n（即标准模数）的关系为：$m_t=m_n/\sin\beta$，β 为斜齿轮螺旋角。（　）

9．传动系统图是用一些简单的符号代表各个传动元件，按传动顺序组成的传动示意图。（　）

10．机械传动的传动链是从电动机到末端环节之间包含的传动运动。（　）

11．滚齿机的差动机构主要是使工作台获得一个附加运动，以滚切斜齿圆柱齿轮的螺旋线。（　）

12．滚齿机“外联系”传动比的改变，不会改变“内联系”的传动比。（　）

13．精密丝杠车床传动链的动态测量，是在车床前、后顶尖间顶紧一带有精密配合螺母的标准丝杠，在标准丝杠转动时，螺母只有相对轴向移动而无转动来测量。（　）

14．滚齿机的进给运动是工件转一转时，刀架移动一个导程 T。（　）

15．传动链方程式是计算首、末环节间传动元件传动比的公式。（　）

16．CKC 工业齿轮油适用于齿面应力为 500～1 100 MPa，最大滑动速度与齿轮节圆圆周速度之比小于 1∶3，油温为 5～120℃的中等负荷传动装置。（　）

17．导轨油是防止机床导轨爬行的专用润滑油，它的规格有 12 个黏度等级。（　）

18．FD 轴承油属于防氧、防锈、抗磨型油，多用于精密机床主轴轴承或精密滚动轴承的润滑。（　）

19．当两金属表面的硬度相等时，其磨粒磨损将很小。（　）

20．机械连接的螺栓、花键轴等部位，常出现 $10^{-7}\sim10^{-3}$ mm 振幅范围内的振动性滑动

所引起的磨损，称为微振磨损。（ ）

21．设备大修前进行预检工作时，建议大型、精密、复杂设备停用一周。（ ）

22．花键轴的定心轴颈尺寸精度和表面粗糙度降低一级精度，花键侧面压痕高度超过键侧高度的 1/2 时，应更换花键轴。（ ）

23．精密丝杠弯曲变形超过设计规定值时，可与一般丝杠一样，允许校直、精车或精磨后再使用。（ ）

24．按国家标准或专业技术标准制造的零件或元件，一般不采用修复手段。（ ）

25．根据零件磨损规律，在急剧磨损阶段就要考虑零件的修复或更换。（ ）

26．在使用挥发性的零件清洗剂时，要特别注意防火措施，并且在零件清洗后，一定要采取防锈措施。（ ）

27．水剂清洗剂清洗零件后，零件表面涂一层润滑油就可以装配。（ ）

28．卧式车床放在垫铁上后，应将两水平仪纵、横放置在中滑板上，在床身导轨上测量三点，其精度不超过允许标准即可。（ ）

29．卧式车床在安装时，粗调水平后进行二次灌浆，水泥干透后再进行精调。（ ）

30．设备的防振基础是设备的基础通过防振材料层和隔墙与厂房地基隔开。（ ）

31．所有的工艺基准，即装配、测量、定位、工序基准，都应该与设计基准保持一致，否则零件加工精度就达不到设计要求。（ ）

32．工件由装夹到夹紧的过程称为工件的安装。（ ）

33．夹具的自锁作用是当原动力撤销后，工件仍处于夹紧状态。（ ）

34．在满足加工要求的前提下，限制自由度的数目少于 4 个的定位，称为不完全定位。（ ）

35．工件在 V 形块上定位时，它可限制 4 个自由度。（ ）

36．夹具的夹紧机构中的中间传动机构，可把原动力转化为夹紧力，还可改变原动力的方向，由夹紧元件将工件夹紧。（ ）

37．组合夹具就是把各种夹具元件和合件按工件的要求组合而成。（ ）

38．用酸值来鉴别润滑油的变质，酸值单位是 mg KOH/g，当酸值超过规定值的 0.5% 时，说明润滑油已老化变质。（ ）

39．润滑油在使用过程中，由于氧化分解作用，碱值在不断增加，当达到一定值时，则说明润滑油已变质，需更换。（ ）

40．鉴定 M131W 万能外圆磨床润滑油的油品时，应将油池中的油充分搅和后，在油池油面下 1/2 处用试管取样。（ ）

41．通过颜色鉴别 M131W 万能外圆磨床液压油的油样质量时，与标准玻璃色片进行比较，油的颜色应等于或大于 5 个色号。（ ）

42．要提高润滑油的抗磨性，一般在低温低压时选用油性添加剂，在高温高压时可选用极压性添加剂。（ ）

43．为了防止油的氧化，除了加抗氧化添加剂以外，还有一个关键的方法，是将油温控制在 80℃以下。因为当油温超过 80℃时，油的氧化会大大加速。（ ）

44．内燃机中常加入浮游性添加剂，主要是使气缸中所产生的油泥不能牢固地附着在活塞环槽沟中，油泥被油液冲洗并悬浮在油中。（ ）

45．精密机床主轴的旋转轴颈越大，转速越高，主轴与轴瓦（套）的间隙越大，选用润滑油的黏度就应越小。（ ）

46．在高温、重载工作条件下工作的滚动轴承，应选用高黏度润滑油。（ ）

47．精密机床传动齿轮的负荷越大、速度越快、工作温度越高，则选用润滑油的黏度就越大。（ ）

48．精密机床滑动导轨承受负荷越大、运动速度越低，导轨是垂直导轨，则所用润滑油的黏度就应越大。（ ）

49．设备的一级保养是以操作人员为主、设备维修人员为辅，按预先排定的计划时间对设备进行定期维护。（ ）

50．机修钳工一级保养的内容包括清扫、检查、调整电气线路，擦拭接触器触点。（ ）

51．床身导轨的平行度超差不会影响到精车外圆的圆柱度。（ ）

52．中滑板导轨和床身导轨磨损、刀尖相对于主轴中心线下降，不会影响或很微小影响精车外圆的圆度。（ ）

53．牛头刨床摇杆孔与滑枕内上支点轴承孔不同心，常会使滑枕在长行程时有振荡声响。（ ）

54．牛头刨床工作台横向移动时自动走刀不均匀，产生的原因有工作台安装滑板的压板间隙过大，棘轮或棘爪磨损严重。（ ）

55．在镗床和铣床上，工件被装夹在夹具中，其尺寸精度靠操作人员的操作技术保证，而位置精度靠机床自身精度保证。（ ）

56．机床夹具结构组成基本上有定位元件、夹紧部分、传动元件、导向元件、辅助装置和夹具体，一般要求由全部组成元件组成，否则会影响夹具的性能和质量。（ ）

57．镗床、铣床的夹具主要用于加工工件孔系、孔与面的尺寸精度和位置精度。（ ）

58．修理滑动轴承时，若轴瓦瓦背不与箱体孔壁接触，关键是修复支承球头螺钉球头与轴瓦的接触精度。（ ）

59．滑动轴承装配完后，必须进行空运转试车 4 h，试车中若进行故障处理、换油等，空运转时间则减去处理时间，累积 4 h 即可。（ ）

60．向心滚动轴承主要承受轴向力，因工作游隙 > 原始游隙 > 配合游隙，所以在轴承装配时也应该有适当的预紧力。（ ）

61．角接触球轴承背靠背安装时，预紧力以两轴承轴向间的内、外垫来调整，一般应该是外垫比内垫厚。（ ）

62．推力球轴承两环的内孔尺寸不一样，有松环、紧环之分，在装配时，松环必须随轴一起转动，紧环靠在孔壁上。（ ）

63．设备在修理装配时，考虑到动压润滑的性能，所以必须按要求达到机床导轨的安装精度、润滑油的牌号、润滑油压力和流量的调整要求。（ ）

64．动压轴承的动压润滑形成过程为：当轴在孔最低点旋转后，油被带入油楔，由于油楔的推力作用，使轴中心偏移与外载方向一致的一段距离形成压油楔，而具备动压润滑条件。（ ）

65．采用静压润滑时，静压轴承有对称的 4 个油腔，静压导轨也必须有油腔。（ ）

66．当动静压轴承内孔各浅腔（压力腔）形状无方向性时，轴可正、反转。（　）

67．外锥内柱轴承孔的刮削，首先是要求外锥与锥孔的接触精度，接触区应达60%以上，才能保证内孔刮削或工作中的不变形。（　）

68．圆形工作台配刮床身圆形导轨后，要检测床身导轨圆形面的直线度，还要检测圆形导轨面对主轴中心线的垂直度。（　）

69．设备一级保养检查工作的主要目的是使设备始终处于无故障状态。（　）

70．对于精密、大型及稀有机床，精度检查与调整必须严格按照每半年一次进行，以确保产品质量。（　）

71．设备在低温条件下工作时，润滑油的凝固点较低且含有水分。（　）

72．高速轻负荷的滑动与滚动摩擦副，应用黏度大的润滑油。（　）

73．噪声是由各种不同频率成分的声音复合而成的。（　）

74．机械传动件的冲击、振动、气流、润滑不良均可产生噪声。（　）

75．机械摩擦磨损是由零件表面存在的微观不平度在零件表面发生的磨损，所以它影响到传动元件的疲劳破坏。（　）

76．气蚀磨损是当传动元件在接触区相对运动时，由于接触处的局部压力比润滑油蒸发压力低而形成气泡。（　）

77．在机械设备的运行过程中，传动元件的冲击、振动或工作温度的变化，都会造成连接件的松动。（　）

78．测量机床导轨直线度的测量数据（用水平仪测量）为0、+1格、+3格、+5格，做出曲线图后，该曲线呈中凸形。（　）

79．主轴的轴向窜动的检测，是使固定的千分表测头触及心棒端部中心孔内的钢球，缓慢而均匀地用手转动主轴，千分表读数的最大差值即是轴向窜动误差。（　）

80．检验主轴中心线对床鞍移动的平行度时，也要将检验心棒相对于主轴翻转180°测量两次，两次测量结果代数和的一半，即是平行度误差。（　）

81．在检验主轴和尾座两顶尖的等高度时，首先要将尾座心棒侧母线与主轴心棒侧母线调整到合格精度的位置，才能检测该项精度。（　）

82．牛头刨床工作台上平面平面度的检测，是在滑枕上固定一千分表，测头触及工作台上平面，移动滑枕和工作台，使其横向运动，千分表的最大读数差即是工作台面的平面度。（　）

83．牛头刨床的滑枕移动对工作台面中央T形槽的平行度若超差，可以用滑枕自身刨削T形槽两侧面来达到精度标准。（　）

84．牛头刨床工作台移动方向相对于工作台上平面的平行度超差时，若工作台移动的直线度和工作台侧面对工作台面的垂直度两项精度合格，则不可以修刮工作台上平面。（　）

85．在设备的几何精度中，当某项精度超差时，可以通过松紧地脚螺栓来调整，但必须让调整的精度稳定无变化。（　）

86．凡与主轴轴承（或滑枕）温度有关的几何精度项目，应在主轴运转达到稳定温度后才能进行检测。（　）

87．在设备几何精度的检验中，某些超差项目返修后，该项目的精度应重新检验，合格精度则为该项目最终精度。（　）

88．必须紧固地脚螺栓才能使几何精度检验数值稳定，紧固地脚螺栓应尽量减少强抑性产生的应力释放。（ ）

89．设备的几何精度检测必须在相近而稳定的温度环境下进行，以减少温差变化而产生的应力释放。（ ）

90．卧式车床在负荷试验前，可以把Ⅰ轴摩擦离合器比正常使用时多调 3～5 个切口，切削完后再恢复原位正常状态。（ ）

91．卧式车床负荷试验时，溜板箱自动进给手柄不得脱落，但脱落后允许合理调整至不脱落状态，使用后要恢复原状。（ ）

92．卧式车床负荷试验时，主轴转速明显下降或自动停车，产生原因之一是Ⅰ轴换向拉杆上的半圆键磨损，导致摩擦片压不紧。（ ）

93．液压系统回油路中没有背压或背压很小时，也会产生液压系统的振动而影响加工工件的精度。（ ）

94．对于龙门刨床、龙门铣床一类设备，工作台的爬行是常见故障，它使加工表面产生波纹，其故障源是变速箱控制的工作台运动速度和拖动力大小。（ ）

95．设备工作精度的形位公差超差，是由设备的几何精度或是综合精度超差造成的，另外还有设备的刚性、弹性变形、热变形。（ ）

96．卧式车床精车端面精度检验，是用千分表测头压住圆盘中心，随中滑板远离中心到边缘，其读数的最大差值即是误差值，并要求圆盘中凹。（ ）

97．牛头刨床滑枕运动方向与摇臂摆动方向不垂直，摇臂滑块运动间隙过大，可以使加工工件的表面粗糙度超差。（ ）

98．牛头刨床滑枕压板调整的间隙过小，则会产生滑枕直线运动的爬行，而影响加工工件的表面粗糙度，并产生波纹。（ ）

99．牛头刨床滑枕所配刮的床身上导轨面可以先精刨，但要保证其几何精度，滑枕的配刮只是精刮。（ ）

100．影响牛头刨床工作精度的主要原因是以滑枕运动为中心的传动精度、配合精度、几何精度，还有零件的制造及修复精度。（ ）

101．设备振动故障诊断所用的振动计可以测定 3 个物理量，读数由指针或液晶数值显示。（ ）

102．设备振动故障诊断的振动传感器根据振动的 3 个物理量，可以分为位移传感器、速度传感器、加速度传感器。（ ）

103．设备在高频振动强度时，或要测量设备振动能量和疲劳时，应选用加速度值度量。（ ）

104．设备振动故障诊断的振动测量仪可以进行现场测试、记录、分析。（ ）

105．当进行设备振动故障诊断的离线监测与巡检时，采集器采集的信号输送到计算机处理后，若超出规定值，则立即报警，提示应对设备采取措施。（ ）

106．进行设备振动故障诊断时，轴承的速度要在垂直方向和水平方向进行测量，以完全代表轴承的振动误差。（ ）

107．在机械设备振动速度分级标准中，振动烈度越高，表明所用设备状态越不好。（ ）

108．设备振动监测标准的类比判断标准常用于大型或精密设备的振动判断。（　）

109．机械设备齿轮振动测量的主要目的是迅速、准确地判断齿轮的工作状态，主动地采取预知性修理措施，保证机床正常工作。（　）

110．在材料的硬度检测方法中，布氏硬度测定是在专用的硬度测试机上进行的，在规定的压头直径和相应的载荷压力下，将压头压入试样，测得压痕直径则可计算出布氏硬度。（　）

111．布氏硬度的测定采用 HBW 时，被测材料不能大于 450 HBS，试验后压痕直径应在 $0.25D < d < 0.6D$ 的范围内。（　）

112．材料硬度的洛氏硬度测定是以 $\phi 1.588$ mm 的钢球或锥角为 110°的金刚石圆锥体作为压头，在规定的压力下压入工件，以压痕的直径来确定硬度值。（　）

113．材料的硬度测定，由于洛氏硬度测量误差比布氏硬度大，所以洛氏硬度测量在每一个测量区要测量 3 次，取其平均值或中间值作为洛氏硬度值。（　）

114．旋转件的静平衡对象是长度与直径之比小于 0.5 的盘形零件。（　）

115．旋转件的静平衡需在圆柱形或菱形的平衡架上进行，平衡前必须用水平仪将平衡架装置沿其纵、横两个方向调整至水平。（　）

116．磨床砂轮静平衡所用的工具主要有平衡架、平衡心轴、平衡块，平衡支架底面有 4 个螺钉，用来调整平衡架的水平。（　）

（二）单项选择题　下列每题中有多个选项，其中只有 1 个是正确的，请将正确答案的代号填在横线空白处。

1．在使用卷扬机工作时，导向滑轮与卷扬机的距离应大于卷筒直径的______倍。

A．10　B．15　C．20　D．25

2．液压千斤顶的液压油若使用 10 号机油，则应在______℃的环境下工作。

A．－5～－35　B．－5～25　C．－35～45　D．－5～45

3．操作者对于安全操作规程，应做到应知、应会，______不允许上岗独立操作设备。

A．未经接受安全教育　B．未经领导同意

C．未经专业培训　D．未经安全教育考试合格

4．实现文明生产，严格的劳动纪律、工艺纪律，建立一个良好的生产秩序，是为了保证职工的______。

A．安全和健康　B．工作情绪　C．身心健康　D．良好工作秩序

5．防止触电，设备的电气装置或电气设备采取了保护接地，一旦发生漏电，电流就通过______的接地装置流入大地。

A．电欧较小　B．电容较小　C．电阻较小　D．电压较小

6．当查出安全隐患后，应做到"三定"，即定人员、定期限和______。

A．定问题　B．定措施　C．定计划　D．定设备

7．带传动、套筒滚子链传动、齿形链传动都存在带或链张不紧的问题，适当的张紧力是保证______的主要因素。

A．传动比　B．传动效率　C．传动力　D．传动力矩

8．两齿轮啮合，常以 x 作为变位系数，若齿轮的变位为高变位，则两齿轮的变位系数的关系为______。

A. $x_1 = x_2 = 0$　　B. $x_1 + x_2 = 0$ 且 $x_1 = -x_2 \neq 0$

C. $x_1 \pm x_2 \neq 0$　　D. $x_1 \pm x_2 = 1$

9. 丝杠传动的滑动丝杠传动是通过丝杠、螺母的螺旋表面的______来传递运动和动力的。

A. 轴向力　B. 力矩　C. 滑动摩擦　D. 滚动摩擦

10. 一对直齿圆柱齿轮，模数 $m = 4$，$z_1 = 30$，中心距 $A = 130$ mm，另一齿轮的齿数为______。

A. 25　B. 30　C. 35　D. 40

11. 机械传动系统图是用来表示机械______的综合简图。

A. 传动比　B. 传动系统　C. 传动齿轮　D. 传动速度

12. 滚齿机的差动机构，其传动链的首、末环节是______。

A. 刀杆轴到工作台　B. 刀杆轴到工件

C. 刀架垂直丝杠到工作台　D. 工作台到刀架丝杠

13. 滚齿机的分齿运动是滚刀主轴转一转时，工作台必须保持转过______转。（k 为滚刀头数，z 为齿轮齿数）

A. z　B. k　C. $2z$　D. $k/2$

14. 精密丝杠车床的动态测量，以标准丝杠螺距和机床丝杠螺距之______作为主轴传至丝杠的传动比。

A. 差　B. 和的一半　C. 比　D. 差的一半

15. 滚齿机传动链的分齿（分度）运动，除了自身的传动链精度外，还必须与______保持对应的转速。

A. 主切削运动　B. 差动运动　C. 进给运动　D. 辅助运动

16. 在滚齿机分齿运动传动链方程式中，有一个差动机构传动比 $i_{合}$，当 $i_{合} \neq 1$ 时，该机床在滚切______齿轮。

A. 直齿圆柱　B. 斜齿圆柱　C. 直齿圆锥　D. 螺旋齿圆锥

17. 在滚齿机主切削运动传动链中，有一个三联齿轮，挂轮 $\frac{A}{B}$ 有三种，主轴的转速则有______种。

A. 3　B. 6　C. 9　D. 12

18. 龙门刨床的导轨、升降丝杠的润滑采用______号导轨油。

A. 32　B. 46　C. 68　D. 100

19. CKC 工业齿轮油适用于润滑齿面应力为______的机械设备。

A. 500 MPa 以下　B. 500 ~ 1 100 MPa

C. 1 100 ~ 1 500 MPa　D. 2 200 MPa 以上

20. 机械磨损的类型，按磨损机理可分为黏附磨损、电蚀磨损等______种基本类型。

A. 6　B. 7　C. 8　D. 10

21. 由于滑动轴承滚动体接触面强大的应力可以通过______传递，当剪切应力超过材料所能承受的限度时，就会出现痕斑状凹坑的疲劳磨损。

A. 轴颈　B. 孔壁　C. 油膜　D. 油腔

22．建议中型机床在大修前______进行设备大修前的预检工作。

A．2个月　B．6个月　C．8个月　D．10个月

23．卧式镗床的镗杆有轻度弯曲变形时，允许通过修复来消除，但决不能降低______。

A．直线度　B．圆度　C．圆柱度　D．表面硬度

24．在传递动力的蜗杆副中，蜗轮的齿厚磨损量超过齿厚的______时，应予以更换。

A．6%　B．8%　C．10%　D．12%

25．磨损零件的修复或更换，在保证修理周期和设备功能不降低的前提下，首先要考虑的是它们的______。

A．可能性　B．可靠性　C．经济性　D．使用性

26．零件在其寿命期间的磨损规律，在磨合阶段和急剧磨损阶段，其磨损速度______。

A．缓慢上升　B．急剧上升　C．不上升　D．急剧下降

27．______清洗剂是机修作业中广泛采用的清洗剂。

A．油剂　B．水剂　C．化学　D．雾状

28．使用三氯乙烯作为零件清洗剂时，加热温度不得超过______℃。

A．87　B．75　C．62　D．58

29．卧式车床在安装吊运过程中，钢丝绳要从床身下的肋筋穿过，并靠近主轴箱，其平衡靠______来调整。

A．尾座　B．电动机　C．主轴箱　D．床鞍

30．短床身的卧式车床在安装时，常用的斜垫铁是______组，每组2块。

A．4　B．5　C．6　D．7

31．若机床安装在单独的基础上，其基础平面尺寸不应小于机床______的外廓尺寸。

A．地脚螺栓　B．支承面积　C．所占面积　D．辅助面积

32．工件在V形块上定位时，V形块可限制______个自由度。

A．3　B．4　C．5　D．6

33．工件的一面两孔定位，削边锥销限制了______个自由度。

A．1　B．2　C．3　D．4

34．在夹具中，改变原动力方向的机构是______。

A．夹紧机构　B．定位元件　C．中间传动机构　D．旋转机构

35．零件在夹具中的定位，______是绝对不允许的。

A．完全定位　B．不完全定位　C．过定位　D．欠定位

36．组合夹具由各种夹具元件和合件组合而成，除满足工件精度要求外，还需要有足够的______。

A．灵活性　B．刚性　C．牢固性　D．可靠性

37．润滑油外观鉴别的颜色鉴别从无色的0号开始，共有______个色号。

A．10　B．12　C．16　D．20

38．将酚酞指示剂滴在少量的润滑脂上，混合均匀，用手指捻，若呈______色，则说明润滑脂还保持碱性，证明没有变质。

A．黑　B．蓝　C．粉红　D．红

39．润滑油的透明度鉴别，是把油样放到试管中并冷却至______℃，观察是否浑浊，恢

复至室温后，再降至上述温度，经过两、三次后仍未浑浊，则表明油未变质。

A. －2　B. 0　C. 2　D. 5

40. 润滑油的机械杂质含量超过______，就认为该油品含杂质严重。

A. 0.1%　B. 0.01%　C. 0.05%　D. 0.005%

41. 对 M131W 万能外圆磨床润滑油质量进行鉴别时，油品的采集应在磨床连续开动液压系统______h 以上，并对油池的润滑油充分搅和后进行。

A. 0.5　B. 1　C. 1.5　D. 2

42. L－HL32 润滑油在 40℃时的流动黏度不应大于 28.8～35.2 mm^2/s，如果采集的油品检测超过______，则可判定液压油失效。

A. 4%　B. 6%　C. 8%　D. 10%

43. 在 M131W 万能外圆磨床液压油的水分鉴别测量中，水分含量不应超过______。

A. 1%　B. 0.5%　C. 0.1%　D. 0.05%

44. 油性添加剂向润滑油中的加入量是______。

A. 0.8%～3%　B. 1%～5%　C. 1%～6%　D. 2%～7%

45. 润滑油在气温过低的情况下，能使润滑油中的______析出，因为它妨碍了液体的流动。

A. 黏质　B. 吸附膜　C. 蜡质　D. 氧化活性基

46. 润滑油的防泡沫添加剂主要有甲基硅油和苯甲基硅油，其添加量一般为______。

A. 0.01%～0.1%　B. 0.001%～0.01%

C. 0.005%～0.01%　D. 0.000 1%～0.001%

47. 滚动轴承选用低黏度和较好油性的润滑油时，轴承转速应在______r/min 以上。

A. 1 000　B. 3 000　C. 6 000　D. 10 000

48. 齿轮的润滑主要靠______，所以要求润滑油有较高的黏度、较好的油性和极压性能。

A. 刚性油膜　B. 弹性油膜　C. 边界油膜　D. 塑性油膜

49. 当滚动轴承转速在 1 500～3 000 r/min 时，润滑脂的填充量应是轴承腔的______。

A. 2/3　B. 1/2　C. 1/3　D. 1/4

50. 齿轮润滑若采用润滑脂，常用在______的齿轮传动。

A. 低速重负荷　B. 低速轻负荷　C. 高速重负荷　D. 高速轻负荷

51. 一般机械加工、两班制生产形式的一级保养工作每______进行一次。

A. 两周　B. 一个月　C. 一个季度　D. 半年

52. 设备一级保养作业计划应与______一起下达，这有利于调节生产与停机的矛盾。

A. 工厂计划　B. 生产计划　C. 工作计划　D. 当月计划

53. 在设备的一级保养内容中，电器和线路的清洗、检查、调整及擦拭接触器触点，应由______完成。

A. 操作人员　B. 机修钳工　C. 机修检查员　D. 维修电工

54. 在卧式车床加工零件时，若零件外表的表面粗糙度超差，或是圆度超差，对于机床的故障，它们有一个共同的影响因素是______。

A. 床身导轨平行度超差　B. 中滑板移动导轨平行度超差

C．主轴轴承间隙过大　　D．主轴中心线的径向圆跳动超差

55．卧式车床溜板箱自动走刀手柄容易脱开或脱不开，此时就要调整______。

A．溜板箱丝杠、螺母的间隙　　B．脱落蜗杆的压力弹簧

C．蜗杆的锁紧螺母　　D．电动机 V 带的松紧

56．牛头刨床在加工工件时，由于滑枕与压板的故障，如滑枕与压板面接触直线度差，滑枕与压板间隙过大，会使______。

A．滑枕的温度过高　　B．加工工件精度超差

C．滑枕换向有冲击　　D．加工工件时出现掉刀现象

57．牛头刨床摇臂内两侧滑动面与摇臂孔不平行，会在加工过程中使______。

A．加工工件精度超差　　B．滑枕的温度过高

C．滑枕在长行程时有振荡声响　　D．加工工件时出现掉刀现象

58．在夹具上安装工件时，工件在夹具中、夹具在机床上、夹具相对于刀具都应该保持一定的______。

A．相对位置　　B．正确位置　　C．正确精度　　D．正确尺寸

59．刨床、平面磨床、铣床夹具的设计特点，老工件的尺寸精度要求要依靠______的调整来达到。

A．夹具安装　　B．工件安装

C．刀具回转运动　　D．刀具和工作台直线运动

60．钻床的夹具主要是依靠______来保证工件的加工精度。

A．操作人员的操作技术　　B．机床的几何精度

C．刀具的回转和直线运动精度　　D．夹具钻模板精度即导向精度

61．修复滑动轴承的主轴时，其修理基准和主轴精度检查的基准是______。

A．主轴两端中心孔　　B．主轴两端装轴承的轴颈

C．主轴装砂轮的定位轴颈　　D．主轴装砂轮的定位端面

62．滑动轴承内孔在刮研时，其研点除点数和表面粗糙度要达到精度要求外，一般还要求研点的显示______硬一些。

A．前端　　B．中间　　C．后端　　D．两端

63．滚动轴承的精度等级“P5”，是旧精度等级的______级。

A．E　　B．D　　C．C　　D．B

64．有一组面对面装配的角接触球轴承，测得两轴承 δ 值为 0.08 mm、0.13 mm，按预紧力的装配要求，该组两轴承间的内垫比外垫薄______ mm。

A．0.08　　B．0.13　　C．0.105　　D．0.21

65．锥孔调心滚子轴承常用在主轴结构中，它的径向间隙调整是靠锥孔______的锥度轴向移动来调整的。

A．1:5　　B．1:12　　C．1:20　　D．1:50

66．M7120A 平面磨床的主轴动压轴承，主轴与轴瓦的工作间隙一般为______ mm。

A．0.005～0.008　　B．0.008～0.01　　C．0.01～0.015　　D．0.015～0.02

67．动压轴承主轴前端的渗油问题是常见的故障，除其他因素外，主轴与轴瓦前隔垫或调整垫的平行度也是重要因素之一，其平行度一般要求为______ mm。

A. 0.003　　B. 0.005　　C. 0.008　　D. 0.01

68. 当主轴不旋转或在低速即主轴未达到使油膜产生动压时，动、静压轴承均呈现______的承载特性。

A. 无承载力　　B. 静压轴承　　C. 动压轴承　　D. 动、静压轴承

69. 调整静压导轨压力油时，工作台必须平行抬起 0.025 ~ 0.04 mm，其测量则需______个百分表，才能合理调整各油腔的压力。

A. 4　B. 6　C. 8　D. 10

70. 采用三角刮刀刮削圆形孔时，当三角刮刀与圆形孔面的角度呈小前角时，一般是______。

A. 粗刮　　B. 细刮　　C. 精刮　　D. 刮花

71. 一圆形呈 90°（若是 70° + 20°）的 V 形导轨，在刮削时要求工作台平行下落，当大面（70°）刮削 0.055 mm 时，小面（20°）应刮削______ mm。

A. 0.01　　B. 0.02　　C. 0.025　　D. 0.027 5

72. 研磨圆形孔时，研磨棒的直径比孔要小______ mm，长度是孔长的 2 ~ 3 倍。

A. 0.03 ~ 0.04　　B. 0.02 ~ 0.03　　C. 0.01 ~ 0.015　　D. 0.008 ~ 0.01

73. 金属切削设备的定期检查，要对刀架、丝杠、螺母、斜铁、压板、弹簧等进行清洗，并调整到适宜的______。

A. 装配位置　　B. 运动间隙　　C. 工作压力　　D. 刚性变形

74. 精密机床或大型、稀有机床的精度检查与调整，应定期或不定期进行，对于安装水平和精度应______检查、调整一次。

A. 4 个月　　B. 5 个月　　C. 6 个月　　D. 8 个月

75. 润滑油中的水分和水溶性酸、碱含量高于规定值时，会对摩擦副产生______作用。

A. 氧化　　B. 乳化　　C. 腐蚀　　D. 磨损

76. 润滑油不能牢固、均匀地附着在金属表面形成油膜，使摩擦阻力增大，主要是由润滑油的______造成。

A. 黏度不合适　　B. 闪点降低　　C. 杂质增加　　D. 油性降低

77. 润滑油的闪点降低，热稳定性和化学稳定性差，杂质增多，一般都是由设备在______工作条件下造成的。

A. 高温　　B. 低温　　C. 重载　　D. 冲击、振动或间歇

78. 滑动轴承产生振动的原因主要是______。

A. 间隙过小　　B. 间隙过大　　C. 油品牌号不对　　D. 油膜振荡

79. 根据测试和研究，保护人体健康的噪声卫生标准是______ dB。

A. 70 ~ 75　　B. 80 ~ 85　　C. 85 ~ 90　　D. 90 ~ 95

80. 机械传动旋转件的______可以产生不正常的振动。

A. 锈蚀　　B. 摩擦或碰撞　　C. 旋转速度

81. 气蚀磨损是在气泡破裂瞬间产生极大的冲击力与温度，这种过程反复作用，使零件表面产生______而形成麻点状凹坑。

A. 压力破坏　　B. 冲击破坏　　C. 疲劳破坏　　D. 强度破坏

82. 在重载荷的作用下，由于一些不良因素使摩擦表面产生大量的热量，瞬间温度可达

______，通过局部材料的熔化、黏附撕裂而造成黏着磨损。

A．800℃　B．1 000℃　C．1 500℃　D．2 000℃

83．机械摩擦磨损主要是零件表面存在的______在零件表面发生的磨损。

A．宏观不平度　B．微观不平度　C．宏观平行度　D．微观平行度

84．测量机床导轨垂直面内的直线度误差时，根据测量结果画出曲线图，连接首、尾两端点，其尾端点的 y 坐标值指的是______误差。

A．水平仪精度　B．导轨直线度　C．相对水平　D．机床安装水平

85．卧式车床尾座移动对床鞍移动的平行度的检测方法是______。

A．移动尾座进行检测　B．移动床鞍进行检测

C．尾座与床鞍一起移动进行检测　D．移动尾座套筒进行检测

86．为消除______，在测量主轴轴向窜动时，应在测量方向上沿主轴中心线施加一力。

A．主轴径向间隙　B．主轴径向圆跳动

C．主轴轴向游隙　D．主轴端面圆跳动

87．在卧式车床几何精度检测标准中，有______项精度与主轴有关。

A．10　B．9　C．8　D．7

88．在检测牛头刨床工作台移动直线度时，要沿测量方向放第二个水平仪，该水平仪的误差是由______造成的。

A．滑枕移动　B．工作台上下移动

C．工作台在横梁上移动的偏重　D．横梁移动的压板间隙

89．检验牛头刨床滑枕移动对工作台两侧面的平行度时，若超差，可修刮工作台与滑板的结合面，但应考虑到______的精度。

A．工作台侧面对工作台上平面的垂直度

B．工作台侧面对横梁移动方向的平行度

C．滑枕移动对工作台中央T形槽的平行度

D．滑枕移动对工作台面的平行度

90．下列因素中，______对牛头刨床的刨削平面度误差没有影响。

A．各部件的配合松动　B．刨刀工作中的磨损

C．摇杆与滑枕运动的不平行　D．摇杆的方滑块运动直线度超差

91．对机床主要零部件进行质量指标误差值的几何精度检验时，机床要处于______状态下。

A．非运行　B．正常运行　C．空运转　D．工作运转

92．机床的几何精度检验一般分两次进行，第一次检验是在______后进行。

A．部件装配完　B．设备总装完成　C．空运转试验　D．负荷试验

93．机床的几何精度检验不适用于手动或机床质量大于______t的检验，允许用低速机动。

A．15　B．10　C．8　D．6

94．设备几何精度的检测中，被测件与量仪等的安装面和测量面都应保持______。

A．精密直线度　B．精密平面度　C．精密相对性　D．高清洁度

95．使用水平仪时，由于测量时间较长，环境温度的变化对水平仪______的影响，会直

接影响测量的准确性。

A. 测量面直线度　B. V形测量基面　C. 气泡长短　D. 几何形状

96. 采用指示器（百分表等）检测时，其测量力应适度，测量杆一般有______ mm 左右的压缩量为宜。

A. 0.1　B. 0.3　C. 0.5　D. 0.8

97. 设备的负荷试车主要是测定设备______的性能指标。

A. 承载能力　B. 切削能力　C. 工作能力　D. 功率能力

98. 设备负荷试车时，由于主轴刚性差，主轴轴承间隙过大等，常出现______，它是一个综合故障的反映。

A. 圆度超差　B. 圆柱度超差　C. 严重“颤抖”　D. 轴向波纹

99. 设备负荷试车要求主轴转速不得比空运转试车时降低______。

A. 3%　B. 5%　C. 8%　D. 10%

100. 卧式车床溜板箱自动进给手柄工作中容易脱落，是由于蜗杆托架上控制板（扇形板）的磨损，______是常用的修复方法。

A. 修磨　B. 镀补　C. 焊补　D. 粘补

101. 卧式车床精车端面试验中，检测工件精度前首先要检测工件端面前半径对零的误差，允差值是______ mm。

A. 0.005　B. 0.006　C. 0.008　D. 0.01

102. 卧式车床精车螺纹时，其累积误差在 300 mm 长度上允差为______ mm。

A. 0.05　B. 0.075　C. 0.1　D. 0.125

103. 设备工作试验的精度故障分析中，工件尺寸精度超差，绝大部分属于______故障。

A. 机床几何精度　B. 机床传动链精度　C. 机床动态精度　D. 人为

104. ______是设备工作试验常出现的噪声和波纹的主要故障源。

A. 刚性　B. 强度　C. 超声波　D. 振动

105. 卧式车床精车轴外径，______是由机床导轨平行度超差产生的。

A. 椭圆　B. 棱圆　C. 锥度　D. 表面粗糙度

106. 卧式车床床鞍横进给拖板斜铁的______是引起精车端面前半径不对零的主要因素。

A. 过紧　B. 过松　C. 窜动　D. 弯曲产生的弹性

107. ______是卧式车床精车轴外径出现有规律波纹的重要因素之一。

A. 光杠的弯曲　B. 丝杠的弯曲

C. 床鞍压板调整得过紧　D. 床鞍压板调整得过松

108. 卧式车床主轴轴肩支承面（端面）的端面圆跳动的最大误差值包括______误差。

A. 主轴中心线的径向圆跳动　B. 主轴轴向窜动

C. 主轴定位轴颈　D. 主轴刚性弯形

109. 对于 CA6140 卧式车床，当沿中心线方向对主轴加力达到 1 000 N 时，滚动轴承的间隙不得超过______ mm。

A. 0.005　B. 0.006　C. 0.008　D. 0.01

110. 卧式车床床鞍导轨的扭曲度和水平方向直线度会影响到工件的______。

A. 圆度　B. 圆柱度　C. 表面粗糙度　D. 同轴度

111．CA6140 卧式车床主轴前锥孔是______锥度。

A．莫氏 4 号　B．莫氏 5 号　C．莫氏 6 号　D．1:20

112．卧式车床主轴至刀具纵走刀的传动链间隙过大，将会产生精车______精度误差。

A．轴外径的圆度　B．轴外径的圆柱度

C．丝杠螺距不稳定　D．轴外径的表面粗糙度

113．设备机械振动的诊断，其简易的振动测量仪可以测量______个物理量。

A．1　B．2　C．3　D．4

114．设备机械振动的诊断仪器中，冲击振动测量仪用于测量振动______成分的大小。

A．高频　B．中频　C．低频　D．轴频

115．在设备机械振动的故障诊断方法中，在线监测多用于对大型机组和关键设备进行______。

A．定期监测　B．不定期监测　C．巡回监测　D．连续不断地监测

116．在选择设备振动诊断的监测参数时，一般中频振动强度、振动能量及疲劳的测量选用______度量。

A．位移值　B．速度值　C．加速度值　D．线速度值

117．设备振动故障诊断在对大型机组和关键设备进行长期连续在线监测时，一旦测定值超标，立刻报警，进而对设备采取相应的______。

A．监视措施　B．预检措施　C．保护措施　D．警告措施

118．大型机器（ISO 2372）的振动烈度范围在 1.8 ~ 4.5 之间，该设备机械状态则是______状态。

A．良好　B．允许　C．较差　D．不允许

119．有些设备因种种因素难以确定振动监测标准的绝对判断标准时，将实测值与初始值（正常运转测得值）相对比，其______称为相对标准。

A．数值　B．数值的倍数　C．百分比　D．数值的一半

120．旋转机械设备的传动齿轮的简易振动测量主要是通过振动和______的分析法进行的。

A．磨损状态　B．啮合频率　C．噪声　D．轴频

121．齿轮的振动诊断，其参数波形、峰值、脉冲、裕度和峭度指标都属于______参数指标。

A．速度　B．加速度　C．位移　D．无量纲幅域

122．采用布氏硬度测量法测量材料硬度时，在压头直径、压力及保持时间按规定操作后，反映硬度值的主要参数是______。

A．压痕深度　B．压痕面积　C．压痕直径　D．压痕圆周长

123．布氏硬度采用 HBS，即压头为淬火钢球时，被测材料硬度不应大于______HBS，否则测量结果无效。

A．350　B．400　C．450　D．500

124．采用金刚石圆锥体作为压头，主载荷是 1 373 N，测量材料硬度是 45 时，则表示硬度符号为______。

A．HBC45　B．HRA45　C．HRB45　D．HRC45

125．常在测量材料硬度时，要把布氏和洛氏硬度进行转换，它们在数值上的关系，即 $\frac{HBS}{HRC}\approx$______。

A．1/20　B．1/10　C．1/8　D．1/5

126．旋转件的静平衡主要是对于平衡对象长度与直径之比小于______的盘形零件。

A．0.5　B．0.4　C．0.3　D．0.2

127．盘形旋转零件的静平衡标准，是旋转在圆周上______都可以处于静止不再转动的状态。

A．任何一位置　B．四点位置　C．三点位置　D．两点位置

128．盘形旋转件静平衡的方法，可在心轴上固定一带有平衡块的平衡杆，当已知平衡块重量是 0.1 N，固定距离为 60 mm，则在旋转件偏重的一侧距中心 40 mm 处应钻出的金属材料重量是______ N。

A．0.5　B．0.4　C．0.2　D．0.15

129．进行磨床砂轮的静平衡时，砂轮应正确地装在法兰盘上，平衡心轴圆锥表面与砂轮法兰盘锥孔表面用涂色法检查其接触面积不小于______。

A．50%　B．60%　C．75%　D．80%

（三）**多项选择题**　下列每题的多个选项中，至少有 2 个是正确的，请将正确答案的代号填在横线空白处。

1．常用的千斤顶有______。

A．机械千斤顶　B．液压千斤顶　C．杠杆千斤顶

D．螺旋式千斤顶　E．电动式千斤顶

2．电动卷扬机主要由______组成，一般速度比较高、可调速、起重能力大。

A．电动机　B．主轴箱　C．减速箱

D．制动器　E．变速箱　F．卷筒

3．安全技术操作规程是根据______等，制订出的合乎安全技术要求的操作程序。

A．不同的生产性质　B．不同的生产场地　C．不同的生产规模

D．不同的机械设备　E．不同的生产组织　F．不同的工具性能

4．文明生产要对操作设备做到“三好”“四会”，“四会”的内容是______。

A．会使用　B．会保养　C．会维修

D．会检查　E．会使用工、量具　F．会排除故障

5．在设备的安全用电中，触电事故是极大危害的事故，常因用电设备的______受到破坏而造成。

A．电线　B．安全设施　C．绝缘　D．电箱　E．电闸　F．电气元件

6．为防止触电事故的发生，常采取对电气装置或电气设备进行______保护的措施。

A．断电　B．隔绝　C．接地　D．接零　E．互锁

7．链传动的失效形式主要有链条的______，为减少链传动的失效，常在张紧和润滑上下功夫。

A．磨损　B．疲劳　C．延伸　D．胶合　E．剥落　F．拉断

8．在中心距正确的条件下，蜗杆和蜗轮的修理和装配要保证______。

A．蜗杆中心线与安装平面的平行度　　B．蜗轮中心线与安装平面的垂直度

C．蜗杆与蜗轮两中心线的垂直度　　D．蜗杆中心线在蜗轮中间平面内

E．两者的啮合间隙　　F．两者的接触区

9．在带传动的平带传动中，平带的接头形式主要有______。

A．胶合　B．缝合　C．带扣　D．螺栓　E．铆接　F．金属夹板

10．Y3150E 滚齿机的传动又分为“外联系”和“内联系”两种运动。“内联系”是指______运动。

A．主切削　B．分齿　C．进给　D．差动　E．辅助　F．复合

11．在修理滚齿机时，要特别注意传动链精度的恢复，关键是______对传动链精度影响较大。

A．传动元件的制造精度　B．传动元件的制造工艺

C．传动元件的制造设备精度　D．装配精度

E．精度的检测　F．动态精度

12．滚齿机的差动运动传动链中是否加过渡惰轮，是由______决定的。

A．齿轮模数　B．齿轮精度　C．齿轮斜齿旋向

D．滚刀头数　E．滚刀旋向　F．设备加工范围

13．在滚齿机传动链精度的测量方法中，直接测量法又分为______测量法。

A．工件精度　B．综合精度　C．传动间隙

D．静态　E．传动元件　F．动态

14．滚齿机分度蜗杆副的误差，对加工齿轮的______影响比较大。

A．齿距偏差　B．齿距累积误差　C．齿向误差

D．齿形误差　E．公法线　F．齿面表面质量

15．CKE 轻负荷蜗杆、蜗轮油是在精制的基础油中加入了______等多种添加剂而制成的。

A．抗氧化剂　B．缓蚀剂　C．抗泡沫剂

D．抗乳化剂　E．油性剂　F．极压抗磨剂

16．根据摩擦副的工作条件，机床润滑油选用黏度较大的有______。

A．高速滚动轴承　B．小负荷　C．往复运动机构

D．间隙运动机构　E．低速　F．小冲击负荷

17．影响机械摩擦和磨损的因素很多，能降低摩擦和磨损的条件有______。

A．表面膜为氧化膜　B．温度升高　C．负荷加大

D．金属相容性小　E．金属为密排六方晶格　F．金属表面和氮发生作用

18．机械磨损的黏附磨损的磨损量与______成正比。

A．较软材料的屈服点　B．负荷　C．摩擦经历的路程

D．材料的硬度　E．金属的塑性变形　F．材料的延伸率

19．在设备大修前的预检工作中，精度检查包括的内容有______。

A．外观精度　B．综合精度　C．几何精度

D．机械精度　E．工作精度　F．传动精度

20．主传动的圆柱齿轮，当______时，则应更换。

A．齿部有塑性变形或裂纹　　B．齿面有点蚀、剥落、严重擦伤
C．齿厚减薄3%的均匀磨损　　D．齿面接触区偏斜，局部严重磨损
E．公法线长度减少8%　　F．内孔键槽磨损

21．______降低一级精度的传动轴应予以更换。
A．轴颈尺寸精度　　B．配合轴颈为过渡配合，动配合配合精度
C．经表面处理后，轴颈直径减少量　　D．圆度、圆柱度误差
E．表面粗糙度　　F．轴弯曲度

22．确定修复件或更换件的主要技术因素有______。
A．对设备工作精度的影响　　B．对设备几何精度的影响
C．对规定的使用功能的影响　　D．对生产效率的影响
E．对零件应力变形的影响　　F．对零件强度的影响

23．零件在其寿命的周期内，其磨损规律分______阶段。
A．接触　　B．磨合　　C．工作
D．正常磨损　　E．急剧磨损　　F．破坏磨损

24．在常用的零件清洗剂中，易挥发的有______，使用时要特别注意安全。
A．航空洗涤汽油　　B．航空煤油　　C．柴油
D．乙醇　　E．乙醚　　F．四氯化碳

25．光学玻璃仪器的擦拭常用______。
A．长纤维棉花　　B．擦镜纸　　C．绒布
D．麂皮　　E．医用纱布　　F．天然丝绸布

26．在安装卧式车床时，粗调水平就要测量机床的纵向、横向水平，即导轨______精度达到几何精度要求。
A．绝对水平　　B．在垂直面内的直线度　　C．在水平面内的直线度
D．平行度　　E．对主轴中心线的平行度　　F．对尾座中心线的平行度

27．防振基础的制作，相对一般基础要增加______。
A．混凝土厚度　　B．混凝土外廓尺寸　　C．防振材料
D．隔墙　　E．地脚垫铁组数　　F．防振木板

28．一个机床所用的夹具至少由______几部分组成。
A．定位元件　　B．夹紧装置　　C．辅助装置
D．引导元件　　E．回转装置　　F．夹具体

29．零件的基准主要分为______。
A．定位基准　　B．装配基准　　C．设计基准
D．工艺基准　　E．工序基准　　F．测量基准

30．夹具中夹紧部分的作用有______。
A．将动力源转化为夹紧力　　B．将旋转力矩转化为夹紧力矩
C．改变原动力方向　　D．改变原动力大小
E．改变原动力行程　　F．起自锁作用

31．夹具中的夹紧机构由______组成。
A．夹具体　　B．定位元件　　C．动力装置

D．引导元件　E．中间传动机构　F．夹紧元件

32．组合夹具的组装过程，一定要把专用夹具的______过程统一起来。

A．设计　B．元件制造　C．装配　D．检查　E．调试　F．验收

33．组合夹具的组装是根据工件的定位、夹紧要求，确定定位基准和夹紧部位，选定______，然后组装起来。

A．定位元件　B．夹紧部分　C．支承件

D．组合件　E．特殊专用件　F．基础件

34．润滑油失效的鉴别方法有______。

A．外观鉴别法　B．固定性鉴别法　C．流动性鉴别法

D．碱值鉴别法　E．酸值鉴别法　F．杂质含量鉴别法

35．杂质含量鉴别法又分为______的鉴别。

A．矿物质含量　B．植物质含量

C．机械杂质含量　D．计数法的清洁度

E．重量法的清洁度　F．苯不溶物与三戊烷不溶物的差值

36．M131W 万能外圆磨床液压油鉴定方法有______。

A．外观鉴别　B．颜色鉴别　C．运动黏度鉴别

D．水分鉴别　E．酸值鉴别　F．机械杂质鉴别

37．在润滑油中加抗磨添加剂的油性添加剂有______。

A．硫化油　B．猪油　C．鲸鱼油

D．油酸　E．三甲酚磷酸酯　F．氯化石蜡

38．抗泡沫添加剂的作用就在于______。

A．中和泡沫　B．消散泡沫　C．溶解泡沫

D．抑制泡沫产生　E．化解泡沫　F．氧化泡沫产生

39．常用的抗氧化添加剂有______。

A．二苯胺的胺类　B．酚类　C．三甲酚磷酸酯

D．有机金属盐类　E．有机硫、磷、硅、硒化合物　F．氯化石蜡

40．选择精密机床滑动轴承的润滑油时，必须要考虑______等因素。

A．良好的润滑油品牌　B．较低的黏度　C．较高的散热能力

D．较好的油性　E．较高的抗氧化安定性　F．较高的油膜刚度

41．当机床______时，机床的滑动轴承润滑油采用较低黏度。

A．主轴转速较高　B．主轴与轴瓦间隙较小　C．承受负荷较大

D．工作台速度较低　E．主轴轴颈较小　F．润滑油压力较大

42．机床导轨的润滑，对润滑油的要求是______。

A．合适的黏度　B．良好的防爬性能　C．良好的油性

D．良好的抗氧化性　E．良好的抗磨性　F．良好的散热性

43．机床的液压系统用油要具有______。

A．合适的黏度　B．防泡沫性　C．抗氧化性

D．抗乳化性　E．良好的防锈性　F．润滑性

44．按生产性质，设备的一级保养一般安排在月初进行，因为这段时间是______阶段，

设备可以抽出时间安排一级保养。

A．粗加工　B．精加工　C．生产长线

D．生产短线　E．生产计划调整　F．生产准备

45．设备的一级保养计划包括的内容有______。

A．保养部位　B．安排保养日期　C．保养所用时间

D．参加人员　E．所用工具　F．保养内容及要求

46．卧式车床精车外圆时，圆柱度超差产生的主要因素有______。

A．主轴中心线径向圆跳动超差　B．主轴轴向窜动超差

C．主轴中心线与床鞍移动导轨不平行　D．床身导轨平行度超差

E．尾座中心线与主轴中心线不同轴　F．溜板箱丝杠与床身导轨不平行

47．卧式车床在切削时会自动停车，影响的因素有______。

A．电动机功率不够　B．主轴刚性不足

C．摩擦片调整过松　D．摩擦片磨损

E．电动机 V 带调整过松或有油　F．操作杆松动，使齿轮脱开或不定位

48．牛头刨床的滑枕与压板间隙过大或过小，将会产生的故障有______。

A．工件表面粗糙度超差　B．滑枕换向时有冲击　C．滑枕温度过高

D．工件精度超差　E．有掉刀现象　F．滑枕长行程上有振荡声响

49．牛头刨床常出现工件表面粗糙度超差或明显波纹，其主要影响因素有______。

A．滑枕与压板间隙过小

B．装夹刀具的刀架松动，活折板间隙过大，锥销与销孔间隙过大

C．滑枕丝杠与两端支承不同轴

D．大齿轮制造精度超差

E．横梁的压板过紧

F．工作台、工作台滑板、横梁三者之间的接触刚性差

50．机床夹具要根据零件和机床的______进行设计。

A．功能和结构　B．尺寸和质量　C．刀具的运动

D．工件的运动　E．几何精度　F．夹具设计要求

51．刀具做回转、工件做直线运动的金属切削设备有______。

A．车床　B．铣床　C．镗床　D．平面磨床　E．万能磨床　F．钻床

52．滑动轴承主轴的修复，常采用的方法有______。

A．超精车削　B．超精磨削　C．研磨　D．刮削　E．抛光　F．珩磨

53．三片轴瓦在装配时，要求装配位置必须正确，其位置包括的内容有______。

A．前、后轴瓦之分　B．轴瓦的厚度　C．轴瓦的编号

D．轴瓦旋转方向　E．轴瓦的直径

54．角接触球轴承预紧力分轻、中、重预紧，重预紧多用于______的机床。

A．低速　B．中速　C．高速　D．轻载　E．重载　F．刚性很高

55．推力轴承由松环、紧环和保持器三部分组成，它的装配特点有______。

A．紧环孔与轴的配合为过渡配合　B．紧环与松环同时转动

C．松环与轴是过渡配合　D．紧环必须随轴转动

E．轴承受力支承面与中心线应垂直

56．角接触球轴承背靠背的装配，两轴承间所加隔垫的______。

A．外环比内环厚　B．内环比外环厚　C．外环比内环薄

D．内环比外环薄　E．外环和内环等厚

57．滚动轴承的装配方法有______。

A．敲击法　B．拉挤法　C．手动压床

D．油压机　E．冷拔法　F．热套法

58．依靠调整轴承轴向位置而消除轴承径向间隙的有______轴承。

A．向心滚珠　B．调心球　C．角接触球

D．推力　E．单列圆锥滚子　F．锥孔调心

59．动压润滑必须具备______等条件。

A．滑动面间无间隙　B．滑动面间有一定的收敛间隙

C．移动件有足够的运动速度　D．固定件有良好的刚性

E．润滑油有一定的黏度　F．外载荷不大于额定值

60．内锥外柱单油楔动压轴承的装配，与主轴的间隙是用______来调整的。

A．镗削轴承内孔　B．磨削主轴轴颈　C．移动主轴

D．移动轴承　E．同时移动主轴、轴承

61．静压润滑的节流器中，可变节流有______。

A．螺钉节流　B．毛细管节流　C．小孔节流

D．薄膜反馈节流　E．滑阀反馈节流

62．动静压轴承比静压轴承______。

A．结构简单　B．启动力矩小　C．故障率低

D．供油装置偏小　E．可以不用蓄能器　F．属纯液体摩擦

63．润滑油的储存也会出现变质现象，其主要原因是______。

A．储存时间过长　B．储存温度过高　C．储存温度过低

D．储存保管粗心　E．储存条件不合理　F．储存的管理不善

64．刮削圆形孔（轴瓦）以保证主轴回转精度，要特别注意______。

A．滑动轴承内、外圆同轴度　B．箱体前、后孔的同轴度

C．前、后滑动轴承孔的同轴度　D．轴向支承端面与中心线的垂直度

E．环境温度变化　F．与主轴配合间隙

65．圆平面导轨刮削后，根据测量结果画出的曲线图误差，是安装和导轨直线度综合误差，安装误差是在______处水平仪的最大读数差。

A．0°　B．30°　C．60°　D．90°　E．180°　F．270°

66．金属切削设备定期检查的导轨检测，包括______的检验。

A．垂直面直线度　B．水平面直线度

C．对主轴中心线的平行度　D．对主轴中心线的垂直度

E．导轨平行度　F．导轨对导轨、导轨对表面的垂直度

67．设备定期检查时，液压、润滑及冷却系统除清洗零件外，还应进行______工作。

A．调整　B．装配方法的改进　C．修复其磨损、失效零部件

D．更换其磨损、失效零部件　　E．消除泄漏　　F．试压

68．设备在高温条件下作业，容易使润滑油的______。

A．闪点降低　　B．水分增多　　C．热稳定性差

D．水溶性酸、碱增多　　E．化学稳定性差　　F．杂质增多

69．设备的润滑油，当油性不足、黏度不适当时，会使______。

A．摩擦增大　　B．乳化度增大　　C．抗氧化性降低

D．动能消耗增大　　E．使用寿命降低　　F．腐蚀作用增大

70．油箱中润滑油的变质（气味、黏性、泡沫等），凭______来判断。

A．抽样检验　　B．加热或制冷处理　　C．人的嗅觉

D．人的视觉　　E．人的感觉　　F．油品样板对照

71．设备在工作运行中，常出现的一些外观能感觉到的故障有______。

A．工件精度　　B．传动链精度　　C．发热

D．润滑不良　　E．噪声　　F．振动

72．摩擦离合器（片式）产生发热现象的主要原因有______。

A．间隙过大　　B．间隙过小　　C．接触精度较差

D．机械传动不稳　　E．传递力矩过大　　F．润滑冷却不够

73．旋转件静平衡的方法有______。

A．调整可调平衡块　　B．调整平衡缸　　C．重的一边除去重量

D．轻的一边增加重量　　E．重的一边附加重量（配重法）

F．轻的一边除去重量（去重法）

74．机械传动磨损的形式有______。

A．气蚀磨损　　B．黏附磨损　　C．强度磨损

D．腐蚀磨损　　E．磨粒磨损　　F．不平衡磨损

75．腐蚀磨损是金属材料与周围的介质发生了______反应，再加上摩擦力的机械作用致使金属表面的材料脱落。

A．氧化　　B．汽化　　C．生化　　D．熔化　　E．电化　　F．溶化

76．机械摩擦磨损只发生______变化。

A．金属材料　　B．金属表面金相组织　　C．尺寸

D．形状　　E．体积　　F．强度

77．机械传动的连接松动会引起机械运行中的______等外观故障。

A．几何精度　　B．传动链精度　　C．异常声音　　D．发热　　E．刚性变形

78．由于______的影响，机械设备在运行中会造成连接松动。

A．摩擦　　B．振动　　C．刚性变形

D．弹性变形　　E．冲击　　F．温差变化较大

79．卧式车床V形导轨在水平面内直线度的测量方法有______。

A．千分尺测量法　　B．平尺对比法　　C．水平仪测量法

D．显微镜拉钢丝法　　E．光学自准直仪测量法

F．前、后顶尖顶一长心棒的测量法（≤1 000 mm）

80．卧式车床尾座移动对床鞍移动平行度检验时，超差产生的原因是______。

A．床鞍导轨直线度超差　B．床鞍导轨平行度超差　C．尾座导轨直线度超差

D．尾座导轨平行度超差　E．尾座、床鞍在垂直面内的平行度超差

F．尾座、床鞍在水平面内的平行度超差

81．为消除主轴轴向游隙误差对卧式车床检验精度的影响，______的精度检验，必须按测量方向并沿主轴中心线施加一力。

A．主轴中心线的径向圆跳动　B．主轴定心轴颈的径向圆跳动

C．主轴轴向窜动　D．主轴轴肩支承面的端面圆跳动

E．床鞍移动对主轴中心线平行度　F．主轴所装顶尖表面的斜向圆跳动

82．卧式车床精度检验项目的检测误差，即误差读数是______等的综合误差。

A．几何精度　B．传动链间隙　C．刚性变形

D．零件制造　E．检具、量具误差　F．测量方法与技术

83．卧式车床主轴及尾座精度均合格，若两顶尖等高度超差，则要______，以达到要求。

A．修刮机床床身与主轴箱结合面　B．修刮主轴箱与床身结合面

C．修刮尾座床鞍与床身导轨结合面　D．修刮床身导轨与尾座床鞍结合面

E．修刮尾座与其床鞍结合面　F．修刮尾座床鞍与尾座结合面

84．测量主轴顶尖跳动时，要特别注意______，以保证检测的准确性。

A．千分表测头应垂直于顶尖表面

B．测量主轴中心线径向圆跳动

C．沿主轴中心线施加一力

D．千分表读数最大差值乘以 $\cos\alpha$（α 为顶尖锥半角）即是顶尖跳动误差值

E．测量主轴轴向窜动

F．千分表最大读数差值乘以 $\cos\alpha$，再减去轴向窜动误差，即是顶尖跳动实际误差

85．金属切削设备几何精度检验标准包括的内容有______。

A．检验项目　B．检验项目有关结构　C．检验方法

D．检验原理　E．检验工具及使用　F．允差值及确认

86．牛头刨床做直线运动的部件有______。

A．滑枕　B．刀架座　C．横梁　D．工作台　E．摇杆　F．刀架

87．牛头刨床工作台平面度的检测方法有______。

A．平尺涂色研点法　B．平板涂色研点法　C．水平仪测量法

D．滑枕、工作台移动拉表法　E．平板、等高垫对比法

88．牛头刨床工作台侧平面与上平面垂直度的检验超差时，要修复工作台面或侧平面，应根据______误差才能确定方案。

A．横梁和工作台移动的直线度　B．工作台移动对工作台上平面的平行度

C．滑枕移动对工作台上平面的平行度　D．滑枕移动对工作台侧平面的平行度

E．横梁移动对工作台侧平面的平行度

89．牛头刨床横梁移动对工作台侧平面的平行度超差时，可______，但不能影响其他项目的精度。

A．修刮横梁上导轨面　B．修刮滑板与横梁上导轨结合面

C．刮削或磨削侧面　D．调整机床左、右倾斜度

E．修刮滑板键槽　　F．修刮支架与床身的结合面

90．牛头刨床横梁和工作台移动的直线度检验方法是______。

A．横梁、工作台两项移动直线度检测　B．测量横梁移动，水平仪平行于横梁

C．测量工作台移动，水平仪平行于横梁　D．移动并在全行程上3个位置测量

E．两项误差分别计算

91．设备的几何精度包含的内容有______。

A．基础件的单独精度（安装后的）　B．各部件的位置和运动精度

C．各部件的定位和分度精度　D．机械传动链精度

E．空运转和负荷试验　　F．刚性、强度、压力试验

92．在使用水平仪测量设备的几何精度时，应注意______的影响。

A．环境温度变化对测量准确性　　B．环境条件对测量稳定性

C．单向、首尾相接移动测量，避免对测量数值　　D．水平仪精度对测量精度

E．水准器气泡稳定性对测量数值　　F．测量每段长度对测量精确性

93．一般设备的几何精度标准检验应该在______进行。

A．设备的总装完成后　　B．设备空运转试验后

C．设备的负荷试验后　D．设备的超负荷试验后

E．设备的工作精度试验后　　F．设备在托修单位验收时

94．设备在安装后的试车中，绝不允许采用松弛或紧固地脚螺栓的方法来校正______。

A．设备的力学性能　B．设备的水平及安装精度　　C．设备的运动副配合间隙

D．设备的几何精度　E．设备的传动链精度　　F．设备的工作试验精度

95．通过设备的负荷试验，要测定出设备的性能指标，如内燃机要测定______性能指标。

A．功率　B．转速　C．扭矩　D．效率　E．耗油量　F．排气温度

96．设备的负荷试验，要按照切削规范来调整机床，如卧式车床的切削规范包括______。

A．主轴转速或切削速度　　B．切削深度　　C．进给量

D．工件回转方向　E．切削功率　　F．机动时间

97．卧式车床的负荷试验常出现主轴转速明显下降或自动停车现象，产生的原因有______。

A．主轴箱摩擦片调整过松或过紧　　B．主轴箱Ⅰ轴半圆键磨损

C．主轴箱刹车调整过松或磨损　　D．主轴箱变速拨叉销或滑块磨损

E．电动机功率不够　　F．电动机传动带打滑

98．卧式车床必须进行超负荷试验时，在超负荷切削力作用下，______容易脱开或脱落。

A．主轴箱摩擦离合器　　B．挂轮架的齿轮啮合　　C．溜板箱走刀脱落蜗杆

D．各部手柄　E．电动机V带　F．方刀架所夹持的刀具

99．设备的工作试验，是以加工工件的精度来反映机床______和综合误差。

A．工作状况　　B．机、电、液的配合　　C．动态的几何精度

D．传动链精度　E．机械零件制造　F．旋转机械的回转精度

100．卧式车床工作试验的主要项目有______的试验。

A．精车轴外径　B．精车轴内径　C．精车端面

D．精车台阶轴外径　E．精车丝杠　F．精车蜗杆

101．振动是机床工作试验的噪声或波纹的主要故障源，机械系统产生振动的因素有______。

A．外界振动源　B．旋转件的不平衡

C．机床几何精度超差　D．传动元件制造、装配误差及磨损

E．机床地基刚性差　F．传动连接件的不同轴、不对称

102．液压系统产生振动，基本上是由______引起的。

A．液压泵输出的油压力不稳定　B．液压系统中的油管太细

C．空气进入液压系统、管道后的碰撞　D．液压润滑油变质或黏度下降

E．液压控制阀失灵　F．机床导轨与液压缸不平行

103．在设备几何精度检测中，对被测件和量仪的要求有______。

A．安置的稳定性　B．接触的良好性　C．结构良好的刚性

D．耐热性　E．振动对测量稳定性的影响　F．耐磨性

104．设备的故障精度，即工件精度超差主要有______超差。

A．尺寸精度　B．几何精度　C．形位公差

D．传动链精度　E．表面粗糙度　F．噪声和发热

105．牛头刨床的滑枕与压板间隙过大，将会使刨削工件产生______。

A．工件上平面的平面度误差　B．工件上平面与基面的平行度误差

C．工作两侧面的平行度误差　D．表面粗糙度及波纹

E．工件上平面对侧面的垂直度误差　F．工件的热变形

106．滑枕是牛头刨床修理时的测量基准、配刮基准，其精度要求较高，所以在机械加工时要特别注意滑枕的______变形。

A．所用机床床身导轨　B．所用机床工作台

C．装夹　D．受切削力　E．热

107．设备精度故障的形位公差超差，其产生的主要原因有______。

A．设备的几何精度超差　B．综合精度超差　C．刚性、弹性变形

D．刀具选择、调整不合适　E．热变形　F．测量不准确、不可靠

108．卧式车床精车外圆出现圆柱度超差，产生的主要原因是______。

A．主轴回转中心线的径向圆跳动超差

B．主轴中心线对床鞍移动方向的平行度超差

C．床身导轨垂直面内的直线度超差

D．床身导轨的平行度超差

E．主轴、尾座两顶尖等高度超差

F．主轴、尾座中心连线对床鞍移动方向的平行度超差，尤其是侧母线

109．卧式车床精车端面，常出现有规律的波纹，一般呈现______波纹。

A．辐射状　B．鱼鳞状　C．间距　D．断续斑纹　E．螺旋状

110．在分析机械设备故障、查找设备性能下降的原因时，常会使用一些特殊的仪器和检验方法，如______的测量。

A．机械振动　B．旋转机械平衡量　C．机械功率

D．材料硬度　E．机械效率　F．噪声

111．在设备的机械振动诊断中，离线监测与巡检系统的应用比较普遍，它主要由______组成。

A．测头　B．传感器　C．采集器

D．示波器　E．前置放大器　F．监测诊断软件和计算机

112．振动测量仪通常还备有输出插头，可以外接______，这样该仪器就可以进入现场进行测试、记录、分析。

A．采集器　B．示波器　C．前置放大器　D．记录仪　E．计算机

113．在设备故障诊断中，定期巡检周期一般安排较短的设备有______。

A．高速、大型、关键设备　B．精密、液压设备

C．振动状态变化明显的设备　D．普通的金属切削设备

E．新安装的设备　F．维修后的设备

114．设备振动故障诊断的振动监测，要注意______的选择和确定。

A．测量参数　B．测量标准　C．测量人员

D．测量位置　E．测量工具　F．测量周期

115．要检测一台设备轴承的振动速度时，要选择振动最直观和最敏感的部位，一般要测量轴承______的振动值。

A．垂直方向　B．水平方向　C．象限中45°处

D．两轴承间　E．轴向

116．设备振动故障诊断的监测周期，基本上采用______。

A．不定期抽检　B．定期巡检　C．随机点检

D．随意点检　E．长期连续监测

117．旋转机构的设备振动故障诊断的振动监测标准有______。

A．转速值判断标准　B．圆周速度值判断标准　C．绝对判断标准

D．相对判断标准　E．类比判断标准　F．综合判断标准

118．在ISO 2372的机械设备振动分级标准中，振动烈度在0.28～2.8范围内，完全属于A级或好的设备有______。

A．小型机器　B．中型机器　C．大型机器

D．汽轮机　E．大型机器的刚性支承　F．大型机器的柔性支承

119．在机械设备传动齿轮的简易振动测量中，齿轮的无量纲诊断参数有______。

A．波形指标　B．峰值指标　C．峰峰值指标

D．脉冲指标　E．裕度指标　F．峭度指标

120．金属材料的硬度表示了材料在静载荷作用下，______性能。

A．表面密度的增加　B．抗其他硬物压入表面的能力增加

C．表面抗拉能力的增强　D．抵抗表面局部变形和破坏的抗力增强

E．表面抗氧化性能的增强　F．强度的另一种表现形式

121．目前，机械设备常用的硬度试验方法有______硬度试验。

A．布氏　　B．洛氏　　C．里氏　　D．维氏　　E．高氏　　F．肖氏

122．洛氏硬度试验法，确定硬度主要是用______。

A．钢球　　B．120°锥角的金刚石圆锥体　　C．规定载荷

D．压入深度　　E．压痕直径　　F．压痕面积

123．旋转件的静平衡，是当零部件处于静平衡状态时，确定平衡重物的______。

A．尺寸大小　　B．重量大小　　C．象限　　D．方向　　E．位置

三、技能试题

第一题　X6132A铣床主轴系统修理及回转精度的检验

1. 内容及操作要求

(1) 根据X6132A铣床主轴装配图拆卸主轴部分，并清洗。

(2) 检验主轴、轴承孔精度，尤其是与主轴相配合的零件，并记录。

(3) 根据记录注明更换件更换原因、修复件修复方案。

(4) 装配主轴系统达技术要求。

(5) 检验主轴的回转精度。

(6) 合理、正确地拆卸和装配方法、顺序。

(7) 合理的选用、使用、保养检具和量具。

2. 准备工作

(1) 准备X6132A铣床主轴系统的装配图、零件图及有关技术资料。

(2) 准备X6132A铣床一台。

(3) 准备检具、量具，包括千分尺、内径表、百分表、7∶24标准塞规、7∶24检验心棒、磁力表架。

(4) 准备机修钳工所用工具一套。

(5) 准备主轴系统的零件、配件、标准件以供修理时更换。

(6) 准备一台检验主轴精度所用的磨床或车床。

(7) 准备配合零件修复的机械加工设备。

(8) 准备清洗、擦拭、润滑等辅助材料。

3. 考核时限

(1) 基本时间　准备时间10 min，正式操作时间360 min。

(2) 时间允差　每超出基本时间10 min扣总分2分，超出30 min终止考核。

4. 评分项目及标准（见表Ⅱ—2）

表Ⅱ—2

序号	评分要素	配分	评分标准
1	主轴系统拆卸 ①合理、正确地拆卸方法及顺序 ②拆卸不允许损坏零件	8	拆卸方法及顺序不正确扣4分 损坏一个零件扣2分
2	主轴系统零件清洗及检验 ①主轴精度检验 ②零件精度检验 ③提出更换件、修复件清单，并注明原因	20	无检验记录扣5分 无更换件、修复件清单及说明扣10分 主轴检验缺一项扣2分 检测不准确扣2分

续表

序号	评分要素	配分	评分标准
3	主轴前支承和中间支承轴承的定向装配 ①主轴装配轴承的轴颈径向圆跳动最高点 ②轴承外圈径向圆跳动值及最高点检测 ③做好标示	15	主轴或轴承没有标示径向圆跳动的最高点扣8分，没有标示圆跳动值扣7分
4	主轴系统的装配 ①合理、正确地装配方法及顺序 ②主轴前支承和中间支承定向装配 ③不允许漏装、多装及损坏零件 ④装配达技术要求	25	装配方法及装配顺序不正确扣10分 定向装配不正确扣5分 漏装、多装、损坏一个零件扣2分
5	主轴回转精度检验 ①轴向窜动 ②轴肩端面圆跳动 ③定位轴颈径向圆跳动 ④锥孔中心线径向圆跳动	20	每项检验方法不正确扣4分 检验数据不准确扣1分
6	①安全操作。严格遵守各种安全操作规程，不发生人身、设备安全事故 ②文明生产。现场保持整洁，摆放合理 ③准备工作充分，检具、量具使用及保养合理	6 3 3	不符合安全操作规程酌情扣1～4分，严重违章取消资格 不符合文明生产要求酌情扣1～2分 准备工作漏项扣1分，使用、保养不合理酌情扣1～2分

第二题　内圆磨头角接触球轴承的更换和装配

1．内容及操作要求

（1）角接触球轴承（P5）的选配。

1）轴承内径与轴颈间隙 0.002 5～0.005 mm，轴承外径与箱体孔配合间隙 0.005～0.008 mm。

2）两组，每组两套轴承外径或内孔直径差 0.002 mm。

3）每只轴承内、外径径向圆跳动的最高点作标记，以供定向装配所用。

（2）角接触球轴承预加负荷的确定，根据测量形式准备预加负荷（重物）。

（3）角接触球轴承内、外圈端面差的测定，轴承内、外隔垫厚度尺寸的确定和制作。

（4）与主轴后轴承外圈作用的弹簧的选用，要长短一致、软硬一致、弹力均匀。

（5）选择正确地检测方法，得出准确地检测数据。

（6）组装、调整内圆磨头，保证砂轮主轴锥孔中心线径向圆跳动误差在 0.01 mm/100 mm 以内。

（7）空运转试车 4 h，温度小于 60℃、温升小于 30℃。

2．准备工作

（1）准备内圆磨头装配图及零件图。

（2）准备内圆磨头主轴和其他零件，准备供选配的角接触球轴承和弹簧。

（3）磨头拆卸后必须在恒温室内放置 8 h，考生测量主轴、套筒精度，记录尺寸精度和标记径向圆跳动值及最高点。

（4）合理选用、使用、保养检具、量具，包括千分尺、比较仪、内径表、两顶尖径向圆跳动测量仪、V 形块、测量轴承外、内径径向圆跳动专用量架、磁力表架、研磨平板、平面磨床一台，准备预加负荷（配重）。

(5) 准备清洗、润滑（锂基脂润滑脂）、擦拭等辅助材料。考核地点在恒温室。

3．考核时限

(1) 基本时间　准备时间 10 min，正式操作时间 360 min。

(2) 时间允差　每超出基本时间 10 min 扣总分 2 分，超出 30 min 终止考核。

4．评分项目及标准（见表Ⅱ—3）

表Ⅱ—3

序号	评分要素	配分	评分标准
1	根据主轴、套筒尺寸精度选配两组，每组两套轴承 ①外径尺寸允差 0.002 mm ②内径尺寸允差 0.002 mm ③与主轴、套筒孔配合间隙 0.002 5 ~ 0.005 mm 及 0.005 ~ 0.008 mm ④选择所用弹簧	18	检测方法不正确扣 8 分 每漏测一项扣 2 分 无记录、无分组标记扣 4 分 测量数据不准确，出现一项扣 2 分
2	预加负荷测试工作 ①预加负荷的确定 ②预加负荷（配重）的组合选用 ③成组轴承内、外圈端面差的测量 ④轴承内、外圈径向圆跳动值及最高点测定及标记 ⑤轴承内、外圈的尺寸确定及制作，其平面度、平行度为 0.002 mm	20	预加负荷确定错误扣 6 分 配重误差 2 kg 扣 2 分 测量方法不正确扣 8 分 无径向圆跳动值及最高点记录或标记扣 4 分 内、外隔垫厚度值不正确扣 6 分 内、外隔垫平面度、平行度达不到要求扣 4 分
3	内圆磨头的装配 ①装配前清洗 ②用定向装配法装配轴承、主轴、锂基脂加注 ③不允许漏装零件 ④主轴锥孔中心线的径向圆跳动（0.01 mm/150 mm）的检测	20	清洗不干净扣 4 分 定向装配不正确扣 4 分 润滑脂加注不正确扣 4 分 漏装一个零件扣 2 分 主轴锥孔中心线圆跳动数据不准确扣 4 分
4	空运转试车 ①空运转 4 h，不出现“发热”或“抱轴”现象 ②温度小于 60℃，温升小于 30℃	30	出现一次停止试车扣 10 分 温度或温升超过要求扣 10 分
5	①严格遵守各种安全操作规程，不允许发生人身、设备事故或严重事故的隐患 ②文明生产。现场保持整洁、摆放合理 ③准备工作充分，无漏项，检具、量具使用保养合理、正确	6 3 3	不符合安全操作规程酌情扣 2 ~ 4 分，严重违章或出事故取消考核资格 不符合文明生产要求酌情扣 1 ~ 2 分 漏项一次扣 1 分，使用、保养不合理酌情扣 1 ~ 2 分

第三题　磨床短三片轴瓦、主轴装配

1．内容及操作要求

(1) 解体短三片轴瓦结构磨头，更换、修复零件，并按主轴结构装配图、零件图装配达技术要求，拆卸后更换主轴。

(2) 刮削轴瓦或用假轴（研磨轴）研磨轴瓦。

(3) 提供测量数据，制造装配工艺法兰。

(4) 修复球头支承螺钉。

(5) 选择正确的拆卸、装配方法。

(6) 合理地选用、使用、保养检具和量具。

(7) 空运转试车 4 h，无抱轴及无漏油现象，温度及温升不超要求。

2．准备工作

（1）准备短三片轴瓦、主轴结构的装配图、零件图及有关技术资料。

（2）准备短三片轴瓦、主轴结构的磨头一台。

（3）准备一根合格的主轴备件，以便更换。

（4）准备机修钳工所用工具一套。

（5）准备检具、量具，包括千分尺、内径表、千分表、磁力表架等。

（6）若研磨轴瓦，应准备车床一台及备用的假轴（研磨轴）一根。若刮削轴瓦，应准备刮刀、红丹粉、蓝油及清洗、润滑、擦拭所用的辅助材料。

（7）准备装配所用的、考生提供尺寸制造的法兰两件。

3．考核时限

（1）基本时间　准备时间 10 min，正式操作时间 480 min。

（2）时间允差　每超出基本时间 15 min 扣总分 3 分，超出 30 min 终止考核。

4．评分项目及标准（见表Ⅱ—4）

表Ⅱ—4

序号	评分要素	配分	评分标准
1	拆卸磨头结构 ①拆卸方法正确，顺序正确 ②对轴瓦前、后及顺序、方向进行编号，相应球头螺钉随之编号 ③清洗、存放	15	拆卸顺序及方法不正确各扣 5 分 编号不正确一项扣 2 分 清洗不干净扣 2 分
2	装配前的准备工作 ①为制作工艺法兰测量轴颈及壳体孔尺寸 ②确定假轴（研磨轴）直径尺寸 ③主轴前密封垫的研磨，平面度、平行度允差为 0.002 mm	8	工艺法兰测量尺寸不正确，装配时修复一次扣 2 分 研出轴瓦与主轴接触少于 20% 扣 4 分 密封垫超要求扣 2 分
3	精刮轴瓦或研磨轴瓦 ①精刮轴瓦接触精度 12～14 点/25 mm×25 mm，无划痕 ②研磨轴承、接触区 80% 以上，表面粗糙度值 0.2 μm 以下	15	轴瓦刮研少于 2 点每件扣 1 分，有划痕扣 2 分 研磨轴瓦，表面粗糙度值高于 0.2 μm 每件扣 2 分
4	球头接触精度 通过研磨，接触区达 80% 以上	10	球头对研接触区少于 80% 每件扣 2 分
5	轴瓦、主轴装配 ①装配顺序及方法正确 ②装配工艺法兰，调整主轴及前、后轴瓦同轴 ③装配达要求，主轴定心锥面径向圆跳动允差 0.002 mm，主轴轴向窜动允差 0.01 mm，主轴前端 150 N 抬起，允许 0.02～0.03 mm 间隙	20	装配顺序及方法不正确扣 6 分 工艺法兰装配不上，修复一次扣 4 分 出现一项精度超差扣 4 分 检测方法不正确扣 4 分，结果不准确各扣 4 分
6	空运转试车 ①空运转 4 h，无抱轴现象 ②温度小于 60℃，温升小于 30℃ ③主轴前端无漏油现象	20	出现一次抱轴现象或停车一次扣 4 分 温度或温升不符合要求扣 6 分 漏油扣 4 分
7	①严格遵守各种安全操作规则，不允许发生人身、设备事故 ②文明生产。现场保持整洁，摆放合理 ③准备工作充分，检、量具使用、保养合理	6 3 3	不符合安全操作规程酌情扣 2～4 分，严重违章取消考核资格 不符合文明生产要求酌情扣 1～2 分 准备不充分、使用不合理酌情扣 1～2 分

第四题　Y54 插齿机几何精度验收及超差分析

1．内容及操作要求

（1）在精度检验之前，首先调整好机床的安装水平或检验安装水平。

（2）按几何精度检验标准验收。

（3）各项精度超差分析，采用笔答形式。

（4）选择正确检验方法，保证检验数据准确。

（5）合理地选用、使用、保养检具和量具。

2．准备工作

（1）准备 Y54 插齿机说明书及有关技术资料。

（2）准备检具、量具，包括平尺、千分表、磁力表架、刀轴检验心棒、工作台定位心棒、水平仪（0.02 mm/1 000 mm 精度）等。

（3）准备清洗剂、油石、擦拭等辅助材料。

（4）准备空白纸、笔供记录和几何精度超差分析所用。

3．考核时限

（1）基本时间　准备 10 min，技能正式操作时间 120 min。笔答几何精度超差分析时间 60 min。

（2）时间允差　技能考核超基本时间 10 min 扣总分 2 分，超出 30 min 终止考核。笔答考核到时终止考核，不延长时间。

4．评分项目及标准（见表Ⅱ—5）

表Ⅱ—5

序号	评分要素	配分	评分标准
1	机床安装水平 ①检测机床安装水平两方向不超过 0.04 mm/1 000 mm ②超差则调整达要求	10	检测不正确扣 5 分 调整方法不正确、数据不正确扣 5 分
2	机床几何精度检验 ①共 7 项几何精度 ②检验方法正确 ③检验数据准确 ④合理选用检具、量具及误差排除方法	50 （每项精度 7 分）	每项检验方法不正确扣 5 分 每项检验数据不准确扣 2 分 无记录，数据及检、量具使用错误扣 1 分
3	机床几何精度超差分析（笔答形式） ①分析准确、全面 ②文字清晰、通顺	30	每项精度超差分析不全面、不准确扣 4 分 文字不清晰、通顺酌情扣 1～3 分
4	严格遵守安全操作规程，现场整洁，正确使用、保养检具和量具，摆放合理	10	不符合要求酌情扣 2～8 分 严重违章取消资格

第五题　卧式车床尾座几何精度检验及修复

1．内容及操作要求

（1）卧式车床尾座套筒及孔的精度均为合格零件。

（2）检测有关尾座 3 项几何精度。

（3）3 项几何精度超差的修复。

（4）3项几何精度检测前，床鞍与床身导轨间隙、尾座壳体与床鞍上导轨面间隙的消除。

（5）床身尾座导轨（对称90° V形导轨与平导轨）刮削量的计算，尾座床鞍上导轨（单45°导轨与两平导轨）刮削量的计算。

（6）选择正确的检验方法，合理使用检具、量具。

2．准备工作

（1）准备卧式车床几何精度检验标准等有关技术资料。

（2）卧式车床尾座部件一套，准备尾座套筒及所配壳体，并装配成套。

（3）准备检、量具，包括百分表、磁力表架、检验心轴（包括主轴锥孔检验心棒）。

（4）准备刮研所用支架、刮刀、红丹粉、油石等。

（5）准备清洗、擦拭等辅助材料。

3．考核时限

（1）基本时间　准备时间10 min，正式操作时间240 min。

（2）时间允差　每超出基本时间10 min扣总分2分，超出30 min终止考核。

4．评分项目及标准（见表Ⅱ—6）

表Ⅱ—6

序号	评分要素	配分	评分标准
1	检验床鞍两层导轨间隙 ①检验尾座床鞍与床身导轨的间隙 ②检验尾座床鞍与尾座结合面的间隙 ③选择正确检验方法，保证测量数据准确	15	检验方法不合理、不正确扣8分 检测数据不准确每项扣4分
2	3项尾座精度检验 ①溜板移动对尾座套筒锥孔中心线的平行度 ②溜板移动对尾座套筒伸出方向的平行度 ③主轴锥孔中心线和尾座锥孔中心线对床身导轨的等高度 ④选择正确检验方法	20	检验方法不正确，每项扣4分 每项检测数据不准确扣4分
3	尾座床鞍两层导轨间隙的修复及导轨刮削量的计算 ①尾座下导轨面的校直 ②尾座床鞍与尾座下导轨面的接合间隙的消除，6～8点/25 mm×25 mm ③床鞍下导轨面与床身导轨接合间隙的消除，6～8点/25 mm×25 mm	25	用文字写出床身导轨及床鞍上导轨刮削量计算方法，错误每项扣4分 刮削方法不正确扣5分 接触精度少2点扣5分
4	尾座3项精度超差的修复 在上一项目消除间隙的同时，检测这3项精度并进行修复，最后在间隙消除的前提下修复这3项超差的精度	30	每项精度检测数据不准确扣5分 床鞍上、下配合间隙超差0.01 mm每项扣5分
5	①严格遵守安全操作规程，现场保持整洁、摆放合理 ②检具、量具使用。保养合理，准备充分无漏项	6 4	不符合安全操作规程酌情扣2～4分，严重违章取消考核资格 准备不充分、使用不合理酌情扣1～3分

第六题　Z35摇臂钻床几何精度检验

检验Z35摇臂钻床的3项几何精度（主柱对底座工作面的垂直度，主轴中心线对底座工作台的垂直度，主轴套筒移动对底座工作台面垂直度），要求对其相互影响进行分析并修复，以文字答卷考核。

配刮主轴箱平面及下燕尾面的检验精度和检验方法，通过技能实际操作为考核。

1．内容及操作要求

（1）运用Z35摇臂钻床几何精度的检验方法和允差来分析上述3项精度的相互关联以及它们的修复方法，以文字答卷考核。

（2）配刮主轴箱与摇臂导轨接触平面和下燕尾导轨面。

（3）刮削这两个面所检验的几何精度（不一定完全是检验标准中的精度）。

（4）合理使用检具、量具，选择正确的检验方法。

（5）注意配刮主轴箱的关键是摇臂和立柱的放置和找正必须正确，否则就检验不了主轴箱主轴相对摇臂导轨和立柱的相互关系。

2．准备工作

（1）准备Z35摇臂钻床说明书，几何精度标准等技术资料。

（2）Z35摇臂钻床立柱、摇臂、已装配完成的主轴箱。

（3）准备检具、量具，包括百分表、磁力表架、300 mm等高块、500 mm等高块、测量主轴回转中心线对摇臂燕尾导轨垂直度的专用长表杆、燕尾导轨的V形块、主轴莫氏5号检验心棒、1 000 mm×1 500 mm平板一块、两个放置立柱的V形铁、千斤顶。

（4）准备刮削主轴箱导轨面的专用支架、刮刀、红丹粉、油石等。

（5）准备擦拭、清洗、润滑等辅助材料。

（6）准备供笔答试卷所用的纸、笔。

3．考核时限

（1）基本时间　准备时间10 min，笔答时间60 min，技能考核时间420 min。

（2）时间允差　笔答时间不延长，到时终止考核。技能考核每超出基本时间10 min扣总分2分，超出30 min终止考核。

4．评分项目及标准（见表Ⅱ—7）

表Ⅱ—7

序号	评分要素	配分	评分标准
1	笔试 ①3项精度关系分析 ②配刮主轴箱所测几何精度 ③文字简洁、通顺	 15 5	未按标准答题酌情扣分
2	配刮主轴箱导轨面 ①主轴箱导轨面与摇臂、立柱的放置精度的找正 ②主轴套筒上母线对立柱母线的平行度 ③主轴回转中心线对摇臂燕尾导轨的垂直度 ④主轴箱导轨面的接触精度6～8点/25 mm×25 mm	 12 7 7 4	安装方法不正确、安装不稳定扣8分 检验平行度方法不正确、不准确扣5分 检验垂直度方法不正确、不准确扣7分 点数少2点扣4分

续表

序号	评分要素	配分	评分标准
3	①立柱母线对平板面的平行度允差为0.04 mm，摇臂导轨纵向对平板面平行度允差为0.10 mm ②主轴套筒母线对立柱母线的平行度允差为0.02 mm/300 mm（只许向操作人员偏） ③主轴回转中心线对摇臂导轨的垂直度允差为0.10 mm/1 000 mm（只许向立柱偏）	6 6 8	项目①方法不正确、不准确扣4分 项目②方法不正确、不准确扣4分 项目③方法不正确、不准确扣6分
4	在底座、平面和摇臂导轨上组装立柱、主轴箱，检验标准中的3项精度 ①立柱对底座工作面的垂直度 a．纵平面0.2 mm/1 000 mm（只许前倾） b．横平面0.1 mm/1 000 mm ②主轴中心线对底座工作面的垂直度 a．纵向0.1 mm/300 mm（只许向立柱偏） b．横向0.05 mm/300 mm ③主轴套筒移动对底座工作面的垂直度 a．纵向0.15 mm/300 mm（只许向立柱偏） b．横向0.07 mm/300 mm	6 7 7	项目①方法不正确、数据超差a 0.05 mm和b 0.03 mm扣4分 项目②方法不正确、数据超差a 0.03 mm和b 0.015 mm扣5分 项目③方法不正确、数据超差a 0.05 mm和b 0.025 mm扣5分
5	①严格遵守安全操作规程，不允许发生人身、设备事故。文明生产、现场保持整洁，摆放合理 ②准备充分，无漏项，检具和量具使用、保养合理	6 4	不符合安全操作规程、文明生产要求酌情扣2～4分，严重违章取消考核资格 准备不充分、使用不合理酌情扣1～3分

第七题　Y38滚齿机刀架滚刀主轴结构的修理、装配和几何精度检验

1．内容及操作要求

（1）Y38滚齿机刀架滚刀主轴、滚刀心轴的装配精度检验。

（2）滚刀主轴前后轴承的配刮。

（3）滚刀心轴托架的修理。

（4）滚刀主轴结构零件的精度检验及修复：抗磨垫圈、螺母、锁紧垫圈、前螺母支承套、后滑动轴承套的平行度、垂直度、表面质量的检验。

（5）滚刀主轴结构的装配及3项几何精度的检验。

（6）合理地选用、使用、保养检具和量具。

（7）选择正确的检验方法，保证准确地检测数据。

2．准备工作

（1）准备有关Y38滚齿机滚刀主轴的说明书、装配图、零件图等技术资料。

（2）准备Y38滚齿机刀架一套，供滚刀主轴结构的修理和装配。滚刀主轴、滚刀心轴（新备件）、托架及主轴结构中的零件。

（3）准备钳工所用工具一套、刮削工具（平刮刀、三角刮刀等）及刮研辅助红丹粉、油石等。

（4）准备清洗剂、润滑剂、擦拭布（医用纱布、丝绸等柔软擦拭）等辅助材料。

（5）准备检、量具，包括千分表、磁力表架、比较仪、比较仪表架、莫氏4号心棒（专用）、平尺、研磨平板、研磨膏、专用于检验主轴精度的V形铁。

3．考核时限

（1）基本时间　准备时间 10 min，正式操作时间 480 min。

（2）时间允差　超出基本时间 15 min 扣总分 2 分，超出 30 min 终止考核。

4．评分项目及标准（见表Ⅱ—8）

表Ⅱ—8

序号	评分要素	配分	评分标准
1	滚刀主轴与心轴装配精度检验 ①检验方法正确，数据准确 ②心轴径向圆跳动：根部 0.01 mm，0.015 mm/300 mm	15	检验方法不正确扣 7 分，数据不准确扣 8 分
2	心轴托架的修理 ①刮削半圆面（箱体）与刀主轴中心线平行度允差为 0.01 mm/全长 ②刮削箱体半圆面和托架压板面允差为 0.01 mm/全长 ③配刮托架半圆面接触精度 10～12 点/25 mm×25 mm ④托架孔对刀主轴中心线的同轴度的检测及修复（可机械加工，配外柱、内锥套） ⑤刮削托架内锥孔 ⑥托架锥孔与滚刀主轴中心线同轴度：a、b 两个方向 0.02 mm ⑦检验方法正确	25	箱体半圆面与压板面对主轴中心线平行度超差 0.005 mm 扣 5 分 托架半圆面研点少 2 点或压板面精度超差 0.005 mm 扣 5 分 托架轴承和滚刀主轴中心线同轴度超差 0.01 mm扣 5 分 检验方法不正确、数据不准确扣 10 分
3	滚刀主轴结构中零件的检验及修复（记录） ①4 个抗磨垫平行度的检验及修复方法，要求平行度允差为 0.005 mm，表面粗糙度值不大于 0.2 μm ②2 个螺母垂直度允差为 0.01 mm，平行度允差为 0.01 mm，表面粗糙度值不大于 0.8 μm ③前、后套推力轴承工作面垂直度允差分别为 0.01 mm、0.005 mm ④正确的检验方法和合理的修复方法	20	检验方法不正确、数据不准确扣 5 分 修复方法不正确扣 5 分 无记录扣 4 分（主要是定向装配的记录和标记）
4	滚刀主轴结构的装配 ①装配方法、顺序正确 ②几何精度检验：滚刀主轴锥孔中心线径向圆跳动允差为根部 0.01 mm，0.015 mm/300 mm；滚刀主轴轴向窜动允差为 0.008 mm；托架轴承中心线对刀主轴中心线的同轴度允差为 0.02 mm ③滚刀主轴径向间隙调整到 0.015～0.02 mm ④根据后滑动轴承套两端面的垂直度与相配的抗磨垫平行度进行定向装配，以消除垂直度超差的影响	30	检验方法不正确、数据不准确扣 8 分 装配返工一次扣 5 分，少装或多装零件一个扣 5 分 精度要求超差一项扣 5 分 抗磨垫没有按定向装配扣 5 分
5	①安全文明生产。严格遵守安全操作规程，现场保持整洁、摆放合理 ②准备工作充分，检具和量具使用、保养合理	6 4	不符合安全操作规程、文明生产要求酌情扣 2～4 分，严重违章取消考核资格 准备不充分、使用不合理酌情扣 1～3 分

第八题　卧式车床精车工件外圆圆柱度误差分析及故障排除

1．内容及操作要求

（1）做出卧式车床精车工件外圆圆柱度超差的精度故障分析，以文字答卷考核。

（2）根据故障分析因素检验一台卧式车床的实际误差状况，对超差项目和指定项目进行笔答故障排除，检测结果做出文字记录。

（3）合理选用、使用、保养检具和量具。

（4）选择正确的检验方法，保证准确的检测数据。

2．准备工作

（1）可携带机床说明书，但不允许带修理工艺之类的技术资料。

（2）准备一台需要大修的卧式车床，笔答的白纸、笔。

（3）准备检具、量具，包括百分表、磁力表架、框架式水平仪、检验桥板、检验心棒、顶尖等。

（4）准备清洗、擦拭、润滑等辅助材料。

（5）准备检测、调整所用工具一套。

3．考核时限

（1）基本时间　准备时间 10 min，笔答时间和技能操作时间共计 180 min。

（2）时间允差　每超出基本时间 10 min 扣总分 2 分，超过 30 min 则终止考核。

4．评分项目及标准（见表Ⅱ—9）

表Ⅱ—9

序号	评分要素	配分	评分标准
1	精车外圆圆柱度精度故障分析（笔答） ①主轴箱主轴中心线对溜板移动导轨的平行度超差 ②床身导轨扭曲度超差 ③床身导轨的严重磨损 ④地脚螺栓松动或调整垫铁松动 ⑤主轴、尾座、顶尖的同轴度超差 ⑥刀尖的磨损 ⑦在 $n=600$ r/min 状态下运行 30 min，检测主轴箱有无因温升过高而引起的机床变形	25	故障分析不全面，少一项扣 5 分 答卷文字不清晰、不通畅酌情扣 2～4 分
2	卧式车床有关上述精度故障项目的检验 ①检测方法正确，检测数据准确 ②合理地使用检具、量具 ③每项检验应有实际误差记录	50	记录缺一项扣 3 分 主轴中心线径向圆跳动没有检验或检验没找中扣 8 分 导轨严重磨损未检验扣 10 分 未检验主轴箱（主轴）变形扣 10 分，其他项目未检测酌情扣每项 2～4 分
3	检验超差项目、刀尖磨损及机床热变形故障的排除 ①故障排除方法正确 ②刀尖磨损故障的排除 ③机床热变形故障的排除	15	超差项目故障未排除每项酌情扣 2～6 分 刀尖磨损故障未排除酌情扣 2～6 分 机床热变形故障未排除酌情扣 2～6 分
4	①安全文明生产。严格遵守安全操作规程，现场保持整洁、摆放合理 ②准备工作充分，检具和量具使用、保养合理	6 4	不符合安全操作规程、文明生产要求酌情扣 2～4 分，严重违章取消考核资格 准备不充分、使用不合理酌情扣 1～3 分

第九题 卧式车床溜板箱齿轮与床身齿条有0.7 mm的侧隙，利用粘接技术粘接床鞍与床身导轨的接触面，消除侧隙的修理工艺编写与实践

1．内容及操作要求

(1) 编写修理工艺。

(2) 聚四氟乙烯塑料板、导轨粘接胶的粘接技术应用。

(3) 消除0.5 mm侧隙（保留齿轮、齿条侧隙0.2 mm)。

(4) 床鞍平行抬起。

(5) 床鞍导轨接触面，V形90°（实测名义角度）和平导轨粘接厚度的计算。

(6) 一台卧式车床，用压铅法测量溜板箱齿轮与齿条啮合侧隙，求出应垫塑料板厚度，垫入床鞍与床身导轨接触面中间，再测量齿轮与齿条啮合侧隙，以验证其效果。

2．准备工作

(1) 准备卧式车床床鞍、溜板箱装配图、零件图等有关技术资料。

(2) 准备考核所用的纸、笔、计算器、三角函数表。

(3) 卧式车床一台（拆除床鞍前锁紧压板)、聚四氟乙烯塑料板（0.5 mm、0.6 mm、0.7 mm、0.8 mm、1 mm)、裁刀、钢板尺等。

3．考核时限

(1) 基本时间　准备时间10 min，正式操作时间210 min。

(2) 时间允差　每超出基本时间10 min扣总分2分，超出30 min终止考核。

4．评分项目及标准（见表Ⅱ—10)

计算中几个关键公式如下（设V形导轨为65° + 25°)：

(1) 溜板箱齿轮垂直上升值Δ与齿轮、齿条啮合侧隙的关系：

$$\frac{\delta}{2} = \Delta \cdot \sin\alpha \text{（齿条半角 } \alpha = 20°, \sin 20° = 0.342\ 02\text{）}$$

$$\delta = 0.684\ 04\Delta \text{（}\Delta = 1.46\delta\text{）}$$

(2) V形导轨面65°大面提升Δ与加垫片$\delta_{大}$及25°小面提升Δ与加垫片$\delta_{小}$的关系：

$$\delta_{大} = \sin 65° \cdot \Delta = 0.906\ \Delta$$

$$\delta_{小} = \sin 25° \cdot \Delta = 0.422\ \Delta$$

(3) 平导轨垫片厚度：

$$\delta_{平} = \Delta$$

表Ⅱ—10

序号	评分要素	配分	评分标准
1	粘接技术应用工艺编写及操作 ①按要求测量齿轮、齿条啮合侧隙（压铅法)，写出计算公式 ②计算床鞍提升量 ③计算床鞍V形65°及25°斜面的粘接厚度及平导轨粘接厚度 ④按计算厚度裁剪各导轨面的塑料板相应厚度 ⑤配置导轨胶 ⑥粘接，重物压置至胶全干 ⑦床鞍与床身导轨配刮接触区	30	项目①②③为笔答 编写工艺不完全酌情扣2～20分 计算公式不正确扣10分

续表

序号	评分要素	配分	评分标准
2	按给定的齿轮、齿条侧隙 0.7 mm 的床鞍各导轨面的垫厚计算（笔答） ①床鞍平行抬起及平导轨垫厚 Δ = 0.73 mm ②25°小面垫厚 $\delta_{小}$ = 0.308 mm ③65°大面垫厚 $\delta_{大}$ = 0.66 mm	30	计算一项不正确扣 10 分
3	①检测一台卧式车床的齿轮、齿条侧隙 ②计算床鞍导轨结合面加垫厚度 ③裁剪聚四氟乙烯板，并垫在床鞍导轨接触面处 ④测量齿轮、齿条的侧隙验证计算	40	检测齿轮、齿条侧隙不正确扣 10 分 计算加垫厚度不正确扣 10 分 床鞍压垫后齿轮、齿条无间隙扣 10 分 床鞍压垫后齿轮、齿条侧隙大于 0.2 mm 或挤死扣 10 分
4	①严格遵守安全操作规程，现场整洁，摆放合理 ②准备工作充分	10	不符合要求酌情扣 2～8 分，严重违章取消考核资格

四、模拟试卷

知识考核模拟试卷（一）

（一）判断题 下列判断题中正确的请打“√”，错误的请打“×”（每题1分，共30分）。

1．在使用液压千斤顶时，可以加长千斤顶的手柄，因为液压装置不是机械装置。（ ）

2．在安装卷扬机时，卷扬机距起吊物应超过15 m以上。（ ）

3．事故的“三不放过”，即事故未查清原因不放过，当事者未吸取教训不放过，未采取整改防范措施不放过。（ ）

4．为防止触电事故的发生，常采用保护接地和保护接零，即通过接地装置或直接将电气设备或装置与大地接触。（ ）

5．斜齿轮的几何尺寸计算是以端面模数 m_t 为标准的，端面模数与法面模数 m_n（即标准模数）的关系为：$m_t = m_n/\sin\beta$，β 为斜齿轮螺旋角。（ ）

6．滚齿机的差动机构主要是使工作台获得一个附加运动，以滚切斜齿圆柱齿轮的螺旋线。（ ）

7．CKC工业齿轮油适用于齿面应力为500～1 100 MPa，最大滑动速度与齿轮节圆圆周速度之比小于1∶3，油温为5～120℃的中等负荷传动装置。（ ）

8．精密丝杠弯曲变形超过设计规定值时，可与一般丝杠一样，允许校直、精车或精磨后再使用。（ ）

9．设备磨损件的修复或更换的主要技术因素，要考虑到对工作精度的影响，对完成规定的使用功能的影响，对生产效率、安全、零件强度、经济性的影响等。（ ）

10．所有的工艺基准，即装配、测量、定位、工序基准，都应与设计基准保持一致，否则零件加工精度就达不到设计要求。（ ）

11．用酸值来鉴别润滑油是否变质时，当酸值超过规定值的0.5%时，说明润滑油已老化变质。（ ）

12．设备的一级保养的内容包括清扫、检查、调整电气线路，擦拭接触器触点，应由机修钳工负责。（ ）

13．在镗床和铣床上，工件被装夹在夹具中，其尺寸精度靠操作人员的操作技术保证，而位置精度靠机床自身的几何精度和传动精度来保证。（ ）

14．角接触球轴承背靠背安装时，预紧力以两轴承轴向间的内、外垫来调整，一般应该是外垫比内垫厚。（ ）

15．设备在修理装配时，要考虑到动压润滑的性能，所以必须按要求达到机床导轨的安

装精度、润滑油的牌号、润滑油压力和流量的调整要求。（ ）

16．静压润滑属于完全液体摩擦润滑，静压系统一般由供油系统（油泵）、节流器和轴承（油膜或油腔）三部分组成。（ ）

17．利用三角刮刀来刮削圆形孔时，用三角刮刀小前角刮削适用于粗刮。（ ）

18．润滑油在储存时也会变质，它是由润滑油储存条件不合理、管理不善造成的。（ ）

19．主轴的轴向窜动的检测，是使固定的千分表测头触及心棒端部中心孔内的钢球，缓慢而均匀地用手转动主轴，千分表读数的最大差值即是轴向窜动误差。（ ）

20．牛头刨床的滑枕移动对工作台中央T形槽的平行度若超差，可以用自身刨削T形槽两侧面来达到精度标准。（ ）

21．凡与主轴轴承温度有关的几何精度检验项目，应在主轴运转达到稳定温度后，才能进行检测。（ ）

22．设备的超负荷试验应在必要的条件下进行，并要做好充分的安全、切削规范和思想准备。（ ）

23．对于龙门刨床、龙门铣床，工作台的爬行是常见的故障，它影响到加工工件的表面粗糙度和波纹，其故障源是电气系统控制的工作台速度和拖动力。（ ）

24．卧式车床精车端面的检验，首先要检查精车端面前半径对零的误差，其误差是由刀具磨损或中滑板燕尾导轨磨损造成的。（ ）

25．影响牛头刨床工作精度的主要因素，是以滑枕为体现的传动精度、配合精度、几何精度，还有零件的制造或修复精度。（ ）

26．检测设备振动故障的振动测量仪可以进行现场的测试、记录、分析。（ ）

27．设备振动监测标准的类比判断标准常用于大型或精度设备的振动判断。（ ）

28．在机械设备振动速度分级标准中，振动烈度值越高，说明所有设备的工作状态越不好。（ ）

29．布氏硬度的测定采用HBS时，被测材料的硬度不能大于450 HBS，试验后压痕直径应在$0.25\ D<d<0.6\ D$的范围内。（ ）

30．旋转件的静平衡对象是长度与直径之比小于0.5的盘形零件。（ ）

（二）**单项选择题** 下列每题中有多个选项，其中只有1个是正确的，请将正确答案的代号填在横线空白处（每题1分，共40分）。

1．操作人员对于安全操作规程，应做到应知、应会，______，不允许上岗独立操作设备。

A．未经接受安全教育 B．未经领导同意

C．未经专业培训 D．未经安全教育考核合格

2．为防止触电事故的发生，设备的电气设备和装置采用了接地保护，一旦发生漏电，电流就通过______的接地装置流入大地。

A．电压较小 B．电阻较小 C．电流较小 D．电容较小

3．两齿轮啮合，常以x作为变位系数，若齿轮的变位为高变位，则两齿轮的变位系数关系为______。

A．$x_1=x_2=0$ B．$x_1=x_2=1$

C. $x_1 + x_2 = 0$ 且 $x_1 = -x_2 \neq 0$　D. $x_1 \pm x_2 \neq 0$

4. ______是滚齿机的差动机构传动链的首、末环节。

A. 刀杆轴到工作台　B. 刀杆轴到工件

C. 工作台到刀架　D. 刀架垂直丝杠到工作台

5. “外联系”主切削运动的传动比改变，将改变______。

A. 进给运动传动比　B. 滚切速度

C. 分齿运动传动比　D. 差动运动传动比

6. CKB抗氧防锈工业闭式齿轮油，适用于齿面应力小于500 MPa，最大滑动速度与齿轮节圆圆周速度之比为1:3，油温不高于______℃的一般负荷机械设备的减速箱润滑。

A. 50　B. 60　C. 70　D. 80

7. 机械磨损的黏附磨损的磨损量与______成反比。

A. 摩擦经历的路程　B. 负荷

C. 剪切力和剪切次数　D. 较软材料的屈服点

8. 零件在其寿命期间的磨损规律，在磨合阶段和急剧磨损阶段的磨损速度______。

A. 基本不上升　B. 缓慢上升　C. 急剧上升　D. 急剧下降

9. ______清洗剂是机修作业中广泛采用的清洗剂。

A. 油状　B. 水剂　C. 化学　D. 雾状

10. 卧式车床在安装吊运过程中，钢丝绳要从床身下的肋筋穿过，并靠近主轴箱处，其平衡是靠______来调整的。

A. 主轴箱　B. 电动机　C. 床鞍　D. 尾座

11. 工件在V形块上定位时，V形块可以限制______个自由度。

A. 6　B. 5　C. 4　D. 3

12. 在夹具中，改变原动力方向的机构是______。

A. 定位机构　B. 中间传动机构　C. 夹紧机构　D. 旋转机构

13. 润滑油外观鉴别的颜色鉴别从无色的0号开始，共有______个色号，一直到黑色的变质程度。

A. 20　B. 16　C. 12　D. 10

14. 对M131W万能外圆磨床润滑油进行抽样检测时，其L－HL32液压油在40℃时的运动黏度要求不大于28.8～35.2（mm^2/s），如果检测结果的运动黏度变化率超过______，则可判定液压油已经失效，不能再使用。

A. 4%　B. 6%　C. 8%　D. 10%

15. 浮游性添加剂是内燃机常用的润滑油添加剂，如盐基性烷基酚钡盐，其添加量是______左右。

A. 5%　B. 3%　C. 2%　D. 1.5%

16. 在高于150℃的高温下工作的润滑，可选用硅油稠化的润滑脂，特别是______。

A. 钠基脂　B. 钙基脂　C. 锂基脂　D. 铝基脂

17. 主轴滚动轴承选用润滑脂润滑时，若主轴转速超过3 000 r/min，润滑脂的填入量不能超过轴承腔的______。

A. 2/3　B. 1/2　C. 1/3　D. 1/4

18．一般的机械加工、两班制生产形式的一级保养工作每______进行一次。

A．半年　B．一个季度　C．两个月　D．一个月

19．卧式车床加工零件时，若出现零件外径表面的表面粗糙度超差，或是圆度超差，对于机床的故障，则有一个共同的影响因素是______。

A．床身导轨的平行度超差　B．中滑板移动导轨平行度超差

C．主轴轴承间隙过大　D．主轴中心线的径向圆跳动超差

20．牛头刨床在加工工件时，由于滑枕与压板的接触直线度超差或滑枕与压板的间隙过大，会使______。

A．滑枕的工作温度过高　B．加工工件精度超差

C．滑枕的换向有冲击　D．加工工件出现掉刀现象

21．镗床、铣床的夹具主要用于加工孔系、孔与面的位置度，它们的尺寸精度是依靠______来保证的。

A．机床的几何精度　B．机床的传动链精度

C．夹具的制造精度　D．操作人员的操作技术

22．在修复滑动轴承的主轴时，其修理基准和主轴精度的检验基准是______。

A．主轴两端中心孔　B．主轴两端装轴承的轴颈

C．主轴装刀具的定位轴颈　D．主轴装刀具的定位端面

23．有一组面对面装配的向心止推球轴承，测得两轴承的 δ 值为 0.05 mm、0.08 mm，按预紧力的装配要求，该组两轴承间的内垫比外垫要薄______ mm。

A．0.13　B．0.08　C．0.065　D．0.03

24．当主轴不旋转或在低速即主轴还未达到使油膜产生动压的速度时，动、静压轴承均呈现______的承载特性。

A．无承载力　B．静压轴承　C．动压轴承　D．动、静压轴承

25．V形圆柱导轨的刮削，若导轨呈 90°（大面 70°，小面 20°），那么大面刮 10 遍，小面则需刮______遍，工作台才可以平行下降，不出现倾斜。

A．3　B．4　C．5　D．6

26．金属切削设备的定期检查，要对刀架、丝杠、螺母、斜铁、压板、弹簧等进行清洗，并调整到适宜的______。

A．装配位置　B．工作压力　C．运动间隙　D．刚性变形

27．润滑油不能牢固、均匀地附着在金属表面形成油膜，使摩擦阻力增大，主要是由润滑油的______造成的。

A．黏度不适当　B．闪点降低　C．杂质增加　D．油性降低

28．在卧式车床几何精度的检验标准中，有______项精度与主轴有关。

A．10　B．9　C．8　D．7

29．在检测牛头刨床工作台移动直线度时，要在床身上不动的部位沿测量方向放第二个水平仪，该水平仪的误差是由______造成的。

A．滑枕的移动　B．工作台上下移动

C．工作台在横梁上移动的偏重　D．横梁与床身导轨的压板间隙

30．一般的金属切屑设备的几何精度检验分两次进行，第一次检验应在______进行。

A. 部件装配完成之后　　B. 设备总装完成之后

C. 空运转试验完成之后　　D. 负荷试验完成之后

31. 卧式车床溜板箱自动进给手柄在受切削力作用后容易脱落，它与蜗杆托架上的控制板（扇形板）的磨损有关，控制板的修复方法是______。

A. 修磨　B. 镀补　C. 粘补　D. 焊补

32. 卧式车床工作试验中，精车螺纹试验要检验螺纹累积误差，在 300 mm 长度上允差为______ mm，表面粗糙度为 1.6 μm，并无振动波纹。

A. 0.05　B. 0.075　C. 0.1　D. 0.125

33. ______的产生原因，主要是卧式车床床身导轨的平行度超差。

A. 椭圆度　B. 棱圆度　C. 圆柱度超差　D. 表面粗糙度值大

34. 卧式车床尾座顶尖高度必须比主轴顶尖高度高（CA6140 尾座高 0.06 mm），其作用除了是对尾座经常移动磨损下降的补偿，另外是对______的补偿。

A. 刀架磨损　　B. 中滑板磨损

C. 床鞍磨损　　D. 主轴箱热变形、主轴抬高

35. 牛头刨床加工的工件上平面平面度、上平面与基面的平行度、两侧面的平行度、表面粗糙度等超差并产生波纹，这些精度超差的共同故障源是______。

A. 横梁压板调整间隙过大　　B. 工作台滑板压板调整间隙过大

C. 滑枕压板调整间隙过大　　D. 摇臂内两侧与方滑块间隙过大

36. 设备的机械振动故障诊断中，在线监测与设备的安全报警系统多用于大型机组和关键设备的______。

A. 不定期监测　　B. 定期监测　　C. 巡回监测　　D. 连续不断监测

37. 有些设备因种种因素难以确定振动监测标准的绝对判断标准时，可将实测值与初始值（设备正常运转测得的振动值）相对比，其______称为相对标准的振动监测标准。

A. 比值　B. 比值的一半　C. 百分比　D. 比值的倍数

38. 传动齿轮的振动诊断，其参数的波形、峰值、脉冲、裕度和峭度指标都属于______参数指标。

A. 无量纲幅域　B. 位移　C. 速度　D. 加速度

39. 采用布氏硬度测定法测量材料硬度时，当压头直径、压力及保持时间按规定操作后，反映硬度值的主要参数是______。

A. 压痕直径　B. 压痕面积　C. 压痕深度　D. 压痕圆周长

40. 旋转件的静平衡，主要是对于平衡对象的长度与直径之比小于______的盘形零件。

A. 0.5　B. 0.4　C. 0.3　D. 0.2

（三）**多项选择题**　下列每题的多个选项中，至少有 2 个是正确的，请将正确答案的代号填在横线空白处（每题 1 分，共 30 分）。

1. 安全技术操作规程是根据______等，制订出的合乎安全技术要求的操作规程。

A. 不同的生产性能　　B. 不同的生产场地　　C. 不同的机械设备

D. 不同的生产规模　　E. 不同的生产组织　　F. 不同的工具性能

2. 企业的文明生产，要求设备保持良好的技术状态，并且还要______。

A. 保证设备的完好率　B. 做好设备的三级保养　C. 保证零件的加工精度

D．配齐工具、夹具、量具、辅具　E．做好环境卫生和工作准备

F．配齐工位器具

3．为防止触电事故的发生，常采取对电气设备和电气装置的______保护的措施。

A．断电　B．导电　C．接地　D．接零　E．联动　F．互锁

4．常用的机械传动中的V带传动，它所采用的V带是由______构成的橡胶带。

A．包布　B．顶胶　C．外复聚氨脂

D．钢丝绳　E．抗拉体　F．底胶

5．一般的滚齿机的传动综合起来又分为"外联系"和"内联系"两种运动。"外联系"是指______运动。

A．主切削　B．分齿　C．进给　D．差动　E．辅助　F．复合

6．CKE轻负荷蜗杆、蜗轮油，是在精制的基础油中加入了______等多种添加剂而制成的。

A．抗氧化剂　B．缓蚀剂　C．抗泡沫剂

D．抗乳化剂　E．油性剂　F．极压抗磨剂

7．______降低一级精度的传动轴，则应更换。

A．轴颈尺寸精度　B．配合轴颈的过渡、动配合的配合精度

C．经表面处理过轴颈直径的减少量　D．圆度、圆柱度误差

E．表面粗糙度　F．轴的弯曲度

8．设备修理过程中，确定修复件或更换件的主要技术因素有______。

A．对设备工件精度的影响　B．对规定的使用功能的影响

C．对设备几何精度的影响　D．对生产效率的影响

E．对零件应力变形的影响　F．对零件强度的影响

9．______是光学玻璃仪器的擦拭辅助材料。

A．长纤维棉花　B．擦镜纸　C．绒布

D．麂皮　E．医用纱布　F．天然丝绸布

10．夹具中夹紧部分的主要作用是______。

A．将动力源转换为夹紧力　B．将旋转力矩转换为夹紧力矩

C．改变原动力的方向　D．改变原动力的大小

E．改变原动力的行程　F．夹紧后起自锁作用

11．润滑油失效的鉴别方法有______。

A．外观鉴别法　B．抽样鉴别法　C．流动性鉴别法

D．碱值鉴别法　E．酸值鉴别法　F．杂质含量鉴别法

12．对于精密机床滑动轴承的润滑油选择，必须要考虑到______等主要因素。

A．具有很好的润滑油品牌　B．具有较低的黏度　C．具有较高的散热性能

D．具有较高的抗氧化安定性　E．具有较好的油性　F．具有较高的油膜刚度

13．卧式车床在精车圆柱形零件时，零件外径圆柱度超差，产生超差的主要因素有______。

A．主轴中心线的径向圆跳动超差　B．主轴轴向窜动超差

C．主轴中心线与床鞍移动导轨不平行　D．床身导轨平行度超差

E．尾座中心线与主轴中心线不同轴　F．溜板箱丝杠与床身导轨不平行

14．牛头刨床加工工件表面粗糙度超差或产生明显波纹的故障比较普遍，______是主要的影响因素。

A．滑枕与压板的间隙过小

B．装刀刀架松动，活折板间隙过大，锥销与销孔的间隙过大

C．滑枕丝杠与两端支承不同轴

D．大齿轮制造精度差

E．横梁、工作台滑板的压板过紧

F．工作台、工作台滑板、横梁三者之间的接触刚度差

15．在设计机床夹具时，要考虑到工件、刀具的运动形式，以确定工件的安装形式。刀具回转、工件做直线运动的金属切屑设备有______。

A．车床　B．铣床　C．镗床　D．平面磨床　E．万能磨床　F．钻床

16．三片轴瓦在装配时，要求装配位置必须正确，其位置包括的内容有______。

A．前、后轴瓦之分　B．轴瓦的厚度　C．轴瓦的编号

D．轴瓦旋转方向　E．轴瓦的直径　F．球头螺钉与轴瓦的对照

17．滚动轴承的装配方法有______。

A．敲击法　B．拉挤法　C．手动压床

D．油压机　E．冷拔法　F．热套法

18．圆平面导轨刮削后，要测量其导轨的直线度，一般可以在专用桥板上放置水平仪，桥板每转 30°记录一次读数值，画出的曲线图是安装误差和直线度的综合误差，安装误差则是______处水平仪的最大读数差。

A．0°　B．30°　C．60°　D．90°　E．180°　F．270°

19．润滑油的储存也会出现变质现象，其主要原因是______。

A．储存时间过长　B．储存温度过高　C．储存温度过低

D．储存保管粗心　E．储存条件不合理　F．储存的管理不善

20．卧式车床 V 形导轨在水平面内直线度的测量方法有______。

A．千分尺测量法　B．平尺对比法

C．水平仪测量法　D．读数显微镜的拉钢丝法

E．光学自准直仪测量法　F．前、后顶尖顶一长心棒的对比法

21．牛头刨床工作台侧平面与上平面的垂直度若超差，要修复工作台面或侧平面，应根据______，再综合考虑修复的方案。

A．横梁、工作台移动的直线度　B．工作台移动方向对工作台上平面的平行度

C．滑枕移动对工作台上平面的平行度　D．滑枕移动对工作台侧平面的平行度

E．横梁移动对工作台侧平面的平行度　F．机床的调平

22．______是内燃机负荷试验要测定出的性能指标。

A．功率　B．转速　C．扭矩　D．效率　E．耗油量　F．排气温度

23．设备的工作试验，是以加工工件的精度来反映机床______的综合误差。

A．机、电、液系统配合　B．工作状况　C．动态几何精度

D．传动链精度　E．运动精度　F．旋转机械的回转精度

24．牛头刨床的滑枕与压板的间隙过大，将会使刨削工件产生______误差。

A．工件上平面的平面度　B．工件上平面与基面的平行度
C．工件两侧面的平行度　D．工件的表面粗糙度及波纹
E．工件的热变形　F．工件的刚性变形

25．卧式车床精车轴外径常出现圆柱度超差，其产生的主要因素有______超差。
A．主轴回转中心线的径向圆跳动　B．主轴中心线对床鞍运动方向的平行度
C．床身导轨垂直面内的直线度　D．床身导轨的平行度
E．主轴、尾座两顶尖中心高的等高度
F．主轴、尾座中心连线对床鞍运动方向、侧母线的平行度

26．在分析机械设备故障、查找设备性能下降的原因时，常使用一些特殊的仪器和检查方法，如______的测量。
A．机械功率　B．机械效率　C．机械振动
D．机械噪声　E．材料硬度　F．旋转机械平衡量

27．设备振动故障诊断的振动监测时，要注意______的选择和确定。
A．测量参数　B．测量标准　C．测量人员
D．测量位置　E．测量工具　F．测量周期

28．设备振动故障诊断的监测，基本上是采用______。
A．不定期抽检　B．定期巡检　C．随机点检
D．随意点检　E．长期连续监测

29．金属材料的硬度表示了材料在静载荷作用下______的性能。
A．表面密度增加　B．抗其他硬物压入表面能力增加　C．表面抗拉能力增加
D．抵抗表面局部变形和破坏的抗力增强　E．表面抗氧化性能增加

30．在旋转中，静平衡的方法有______。
A．调整可调平衡块　B．调整平衡缸　C．重的一边减去重量
D．轻的一边增加重量　E．重的一边增加重量　F．轻的一边减去重量

知识考核模拟试卷（二）

（一）**判断题**　下列判断题中正确的请打“√”，错误的请打“×”（每题1分，共30分）。

1．安全生产方针是“安全第一，预防为主”。文明生产是对生产现象的科学管理。　（　）

2．为防止触电事故的发生，常采取保护接地和保护接零的措施，即通过接地装置或直接将电气设备和装置与大地连接。　（　）

3．常用的链传动和带传动的张紧和润滑都是减少失效、增加使用寿命的重要条件。　（　）

4．螺旋齿轮的传动一般是指两轴交错角$\sum = 90°$，且旋向相同的圆柱齿轮传动。　（　）

5．滚齿机的差动运动传动链，其首、末环节是刀架垂直丝杠至工作台，即滚刀刀架移动一个导程 T，工作台旋转 ±1 转，使工作台获得一个附加运动，以滚切斜齿圆柱齿轮的螺

旋线。（ ）

6．CKD 工业闭式齿轮油用于润滑齿面应力为 500 ~ 1 100 MPa，油温为 5 ~ 120℃的重负荷传动装置。（ ）

7．根据摩擦副的工作条件，黏度较大的润滑油多用于负荷大的、受冲击负荷、高速滚动轴承、往复运动机构或间隙运动机构。（ ）

8．电蚀磨损主要出现在旋转带电的设备上。由于设备带电，在轴颈与轴承之间形成电压差，就可以产生电火花、静电荷等使表面损伤。（ ）

9．使用挥发性的零件清洗剂时，要特别注意防火措施，并且在零件清洗后，一定要采取防锈措施。（ ）

10．所有的工艺基准（即装配、测量、定位、工序基准）都应该与设计基准保持一致，否则零件的加工精度就达不到设计要求。（ ）

11．用酸值来鉴别润滑油的变质，酸值单位是 mg KOH/g，当酸值超过规定值的 0.8% 时，说明润滑油已老化变质。（ ）

12．通过颜色鉴别 M131W 万能外圆磨床液压油的油样质量时，与标准玻璃色片进行比较，油的颜色应等于或大于 5 个色号。（ ）

13．对于机床导轨的润滑，一般要求润滑油有合适的黏度，良好的防爬性能、抗磨性、抗氧化性和抗腐蚀性。（ ）

14．机修钳工一级保养的内容包括清扫、检查、调整电气线路，擦拭接触器触点。（ ）

15．卧式车床车削螺纹时，出现螺距不均匀的主要原因有：车床的床鞍纵向丝杠磨损、开合螺母磨损和轴向窜动过大。（ ）

16．在镗床和铣床上，工件被安装在夹具中，其尺寸精度靠操作人员的操作技术来保证，而位置精度则靠机床精度保证。（ ）

17．有足够的运动速度、有一定的收敛间隙、有较大黏度的润滑油和外载荷不大于某一定额定值是动压润滑必须具备的条件。（ ）

18．圆形工作台配刮床身圆形导轨后，要检验床身导轨圆形面的直线度，还要检验圆形导轨面对回转中心线的垂直度。（ ）

19．机械传动件的冲击、振动、气流及润滑状况不良可以产生噪声，滑动轴承的油膜振荡也会产生噪声。（ ）

20．在卧式车床几何精度检验项目中，检验主轴中心线的径向圆跳动、轴向窜动、主轴轴肩支承面的端面圆跳动、主轴定心轴颈的径向圆跳动都需沿测量方向加一沿主轴中心线的力 F，以消除主轴轴向游隙对测量的影响。（ ）

21．采用水平仪移动测量时，必须遵守单向移动测量的原则。采用指示器（表）时，也需遵守此原则。（ ）

22．设备的负荷试验是设备在规定的负荷下进行试验，即在规定的切削规范下进行试验，以检验设备的机械性能、强度和刚性。（ ）

23．在设备精度的故障中，主要的精度误差有尺寸精度、形位公差、表面粗糙度三大类，设备的故障也就以此为排除的对象。（ ）

24．对于龙门刨床、龙门铣床这一类设备，工作台的爬行是常见的故障，它影响到加工

工件的表面粗糙度和波纹，其故障源是变速箱、蜗杆副所控制的工作台运动速度和拖动力大小。（ ）

25．牛头刨床滑枕运动方向与摇臂摆动方向不垂直，摇臂内侧滑块运动间隙过大，可以使工件表面的表面粗糙度超差。（ ）

26．设备振动故障诊断的在线监测，多应用于大型机组和关键设备，它是在巡检的基础上对设备的故障源以传感器收集数据送入计算机中进行处理、分析，超出规定值则发出警告。（ ）

27．在 ISO 2372 的机械设备振动速度分级标准中，所有设备 A 级、B 级的振动烈度范围都是一样的。（ ）

28．布氏硬度的测定和洛氏硬度的测定，共同点是要有压头和额定压力，不同的是布氏硬度用压痕直径来确定硬度值，而洛氏硬度以压痕深度来确定硬度值。（ ）

29．洛氏硬度在测量时，一般在每个测量区域要测量 3 次，取其平均值或中间值作为确认硬度。布氏硬度的测定一般一次即可。（ ）

30．静平衡的对象主要是长度与直径之比小于 0.2 的盘形旋转件，并通过配重法或去重法使旋转件在圆周任何一位置达到静平衡。（ ）

（二）**单项选择题** 下列每题中有多个选项，其中只有 1 个是正确的，请将正确答案的代号填在横线空白处（每题 1 分，共 40 分）。

1．起吊设备安装卷扬机时，应该使卷扬机距起吊重物超过______m。

A．10　B．15　C．18　D．20

2．带传动、套筒滚子链传动、齿轮链传动，都存在带或链张不紧的问题，适当的张紧力是保证______的主要因素。

A．传动比　B．传动力矩　C．传动力　D．传动效率

3．圆柱齿轮的精度等级共分 12 级，而每个等级又分 3 个公差组，即Ⅰ、Ⅱ、Ⅲ组，Ⅱ组表示______。

A．精度接触精度　B．齿轮运动等级

C．齿轮工作平衡性精度　D．表面粗糙度

4．滚齿机在加工______时，一定要使工作台有一个附加运动，即刀架垂直丝杠运动一个导程 T，而工件旋转 ±1 转的运动。

A．直齿圆柱齿轮　B．斜齿圆柱齿轮

C．直齿圆锥齿轮　D．螺旋齿圆锥齿轮

5．CKC 工业齿轮油适用于润滑齿面应力为 500～1 100 MPa，最大滑动速度与齿轮节圆圆周速度比小于______，油温为 5～30℃的中等负荷的传动装置。

A．1:1　B．1:2　C．1:3　D．1:4

6．机械疲劳磨损的滑动轴承，由于滚动体接触面强大的应力可以通过______传递，当剪切应力超过材料所能承受的限度时，就会出现痕斑状凹坑的疲劳磨损。

A．轴颈　B．孔壁　C．油腔　D．油膜

7．机械磨损的类型，按磨损机理可分为黏附磨损、电蚀磨损等______种基本类型。

A．6　B．7　C．8　D．9

8．水剂清洗剂是常用的清洗剂，它由 1.5%～2.5%的亚硝酸钠、______的硫酸钠和水

混合制成。

A. 0.5% ~ 0.7%　　B. 0.6% ~ 0.8%　　C. 0.8% ~ 1%　　D. 1% ~ 1.2%

9. 利用滚杠移动设备并装箱时，其坡度不能大于______，滚杠直径不得超过 60 ~ 70 mm。

A. 6°　B. 8°　C. 10°　D. 15°

10. 在夹具中，改变原动力方向的机构是______。

A. 定位机构　B. 夹紧机构　C. 中间传动机构　D. 辅助机构

11. 将酚酞指示剂滴在少量的润滑脂上，混合均匀，用手指捻，若呈______色，则说明润滑脂还保持碱性，证明没有变质。

A. 黑　B. 蓝　C. 粉红　D. 红

12. 润滑油在气温过低的情况下，能使润滑油中的______析出，它析出后可妨碍液体的流动性。

A. 黏质　B. 蜡质　C. 吸附膜　D. 氧化活性基

13. 齿轮的润滑主要靠______，所以要求润滑油有较高的黏度、较好的油性和极压性能。

A. 刚性油膜　B. 边界油膜　C. 弹性油膜　D. 塑性油膜

14. 设备进行一级保养周期的安排，一般的机加工、两班制生产形式的一级保养工作______进行一次。

A. 两周　B. 一个月　C. 一季度　D. 半年

15. 卧式车床加工零件时，若零件外表的表面粗糙度超差，或是圆度超差，对于机床的精度故障，它们有一个共同的影响因素是______。

A. 床身导轨的平行度超差　B. 中滑板移动导轨平行度超差

C. 主轴轴承间隙过大　D. 主轴中心线的径向圆跳动超差

16. 在牛头刨床摇臂内，两侧滑动面与摇臂孔不平行，会在加工过程中使______。

A. 加工工件精度超差　B. 滑枕的温度过高

C. 滑枕反向时有冲击声　D. 滑枕在长行程时有振荡声响

17. 钻床的夹具主要是依靠______来保证工件的加工精度。

A. 操作人员的操作技术　B. 机床的几何精度

C. 刀具的回转和直线运动精度　D. 夹具钻模板精度即导向精度

18. 修复滑动轴承的主轴时，______是修理基准和主轴精度检查的基准。

A. 主轴两端中心孔　B. 主轴两端装轴承的轴颈

C. 主轴装砂轮的定位轴颈　D. 主轴装砂轮的定位端面

19. 滚动轴承的精度等级“P5”，是旧精度等级的______级。

A. E　B. D　C. C　D. B

20. 锥孔调心滚子轴承常用在主轴结构中，它的径向间隙是依靠锥孔的轴向移动来调整的。当轴承移动 0.36 mm 时，轴承的径向间隙变化______ mm。

A. 0.036　B. 0.03　C. 0.018　D. 0.012

21. 当主轴不旋转，或在低速即主轴未达到使油膜产生动压的速度时，动压轴承、静压轴承均呈现______的承载特性。

A．无承载力　B．动压轴承　C．静压轴承　D．动、静压轴承

22．三角刮刀与圆柱形孔的角度呈负前角刮削时，一般是______。

A．粗刮　B．精刮　C．细刮　D．刮花

23．设备在机械传动中，在冲击、振动或间歇性工作条件下的摩擦副，一般要用______的润滑油。

A．黏度小　B．黏度适中　C．黏度大　D．超级黏度

24．润滑油的闪点降低、热稳定性和化学稳定性降低、杂质增多，一般都是由于设备在______工作条件下造成的。

A．高温　B．低温　C．重载　D．冲击、振动

25．噪声达到一定程度时，会对人体健康带来危害，______dB是保护人体健康的噪声卫生标准。

A．70～75　B．80～85　C．85～90　D．90～95

26．测量机床导轨垂直面内的直线度时，根据测量结果画出曲线图，连接首、尾两端点，尾端点的 y 坐标值指的是______误差。

A．水平仪精度　B．导轨直线度　C．相对水平　D．机床安装水平

27．为消除检验棒误差和插入锥孔内的安装误差，对主轴______径向圆跳动误差的叠加或抵偿，卧式车床检验棒相对主轴旋转90°，共测量4次，其结果的平均值即是径向圆跳动误差值。

A．中心线　B．锥孔中心线　C．定位轴颈　D．装轴承轴颈

28．在用水平仪测量机床的几何精度时，由于测量时间较长，应特别注意避免环境温度的变化对水平仪______的影响而影响测量的准确性。

A．框架位置度　B．框架尺寸精度　C．气泡长度　D．玻璃管曲率半径

29．机械传动过程中，也就是在摩擦过程中，金属材料与周围介质发生了生化和______反应，再加上摩擦力的机械作用，致使金属表面脱落的现象称为腐蚀磨损。

A．氧化　B．熔化　C．电化　D．汽化

30．设备的负荷试验要求主轴转速不得比空运转试车转速低______。

A．3%　B．5%　C．8%　D．10%

31．卧式车床溜板箱自动进给手柄在工作中容易脱落，它与蜗杆托架的控制板（扇形板）的磨损有关，控制板的修复方法是______。

A．修磨　B．镀补　C．焊补　D．粘补

32．在卧式车床精车端面试验中，检验工件精度前，首先要检测圆盘端面前半径对零的精度，精度误差除刀具磨损外，还有______。

A．床鞍上导轨平面的平行度　B．床鞍上导轨燕尾受力面的直线度

C．床鞍上导轨丝杠螺母间隙较大　D．床鞍上导轨燕尾斜铁直线度

33．在设备工作试验的精度故障分析中，工件的尺寸精度超差，绝大部分属于______故障。

A．机床几何精度　B．机床动态精度　C．机床传动链精度　D．人为

34．机床导轨的平行度超差对卧式车床精车轴外径所产生的______影响很大。

A．椭圆　B．棱圆　C．锥度　D．表面粗糙度

35．牛头刨床加工工件时，由于______，会产生滑枕直线运动的爬行，而影响表面粗糙度和产生波纹。

A．滑枕压板调整过紧　B．滑枕压板调整过松

C．横梁压板间隙过大　D．摇臂内方滑块间隙过大

36．牛头刨床加工工件时，所出现的工件表面平行度、工件上表面与基面的平行度、工件两侧面的平行度精度误差，都是由于______而产生的。

A．滑枕压板间隙过小　B．滑枕压板间隙过大

C．横梁压板间隙过大　D．摇臂内方滑块间隙过大

37．设备振动故障诊断的离线监测，是利用传感器和数据采集器完成现场的______，然后将数据反馈到计算机中，分析诊断。

A．定期测试　B．不定期测试　C．巡回测试　D．长期连续测试

38．选择设备的振动故障监测参数时，一般中频振动强度值、振动能量和疲劳的测量选用______度量。

A．位移值　B．速度值　C．加速度值　D．幅度值

39．齿轮的振动诊断，其参数波形、峰值、脉冲、裕度和峭度指标都属于______参数指标。

A．位移　B．速度　C．加速度　D．无量纲幅域

40．采用布氏硬度测量法测量材料硬度时，在压头直径、压力和保持时间按规定操作后，反映硬度值的主要参数是______。

A．压痕深度　B．压痕面积　C．压痕直径　D．压痕圆周长

（三）**多项选择题**　下列每题的多个选项中，至少有2个是正确的，请将正确答案的代号填在横线空白处（每题1分，共30分）。

1．安全技术操作规程是根据______等，制订出的合乎安全技术要求的操作规程。

A．不同的生产性质　B．不同的生产规模　C．不同的生产场地

D．不同的生产组织　E．不同的机械设备　F．不同的工具性能

2．触电事故是具有极大危害的用电事故，常因用电设备的______受到破坏而造成。

A．安全设施　B．电气元件　C．电箱　D．电闸　E．电线　F．绝缘

3．机械传动中的同步齿形带传动，它的抗拉体一般有______。

A．帆布　B．合成纤维　C．帘布心　D．绳心　E．钢丝绳

4．Y3150E滚齿机的传动又分为“外联系”和“内联系”两种运动。“外联系”是指______运动。

A．主切削　B．分齿　C．进给　D．差动　E．辅助　F．复合

5．CKE轻负荷蜗杆、蜗轮油，是在精制的基础油中加入了______等多种添加剂而制成的。

A．抗氧化剂　B．缓蚀剂　C．抗泡沫剂

D．抗乳化剂　E．油性剂　F．极压抗磨剂

6．滚齿机的传动副或传动元件的热变形和振动，将会影响到的滚齿精度有______。

A．齿距偏差　B．齿距累积误差　C．齿向误差

D．齿形误差　E．齿圆误差　F．轮齿表面质量

7．主传动的圆柱齿轮，当______时，应进行更换。

A．齿部有塑性变形或裂纹　　B．齿面有点蚀、剥落、严重擦伤

C．齿厚减薄3%的均匀磨损　D．齿面接触区偏斜，局部严重磨损

E．公法线长度减少8%　　F．内孔键槽磨损

8．在常用的零件清洗剂中，易挥发的有______，所以在使用时要特别注意防火。

A．航空煤油　　B．航空汽油　　C．乙醇

D．柴油　　E．乙醚　　F．四氯化碳

9．在夹具，中夹紧部分的作用主要有______。

A．将动力源转化为夹紧力　B．将旋转力矩转化为夹紧力矩

C．改变原动力的方向　　D．改变原动力的大小

E．改变原动力的力矩　　F．夹紧后起自锁作用

10．在润滑油的质量鉴别中，杂质的含量鉴别方法又有______的鉴别。

A．矿物质含量　　B．动物质含量

C．机械杂质含量　D．计数法的清洁度

E．重量法的清洁度　　F．苯不溶物与三戊烷不溶物的差值

11．选择精密机床滑动轴承的润滑油时，必须要考虑到______等几个重要因素。

A．具有很好的润滑油品牌　　B．具有较低的黏度　　C．具有较高的散热性能

D．具有较高的抗氧化安定性　　E．具有较好的油性　　F．具有较高的油膜刚度

12．机床的润滑系统用油一般要求很高，液压油要具有______。

A．合适的黏度　B．防泡沫性　C．抗氧化性

D．抗乳化性　E．良好的防锈性　F．润滑性

13．设备的一级保养计划书包括的内容有______。

A．保养部位　B．保养参加人员　C．保养所定日期

D．保养所用时间　E．保养所用工具　F．保养内容及要求

14．牛头刨床的滑枕与压板的间隙过大或过小，将会产生机床或加工工件的故障有______。

A．工件表面粗糙度超差　　B．滑枕换向时有冲击

C．滑枕工作温度过高　　D．加工工件精度超差

E．加工工件有掉刀现象　　F．滑枕的长行程上有振荡声响

15．设计机床的夹具时，要考虑到工件、刀具的运动，以确定工件的安装形式。刀具回转、工件做直线运动的金属切屑机床有______。

A．车床　　B．铣床　　C．镗床　　D．平面磨床　E．万能磨床　　F．钻床

16．动压轴承、导轨的动压润滑，按其工作原理，必须具备的条件有______。

A．两滑动面间不允许有间隙　　B．两滑动面间有一定的收敛间隙

C．移动件要有足够的运动速度　D．固定件要有良好的刚性

E．润滑油要有一定的黏度　　F．外载荷不大于某一额定值

17．圆平面导轨刮削后，要用专用桥板、水平仪测量平面导轨的直线度。每转30°记录一次读数，并画出曲线图，其误差是安装误差和直线度的综合误差。安装误差是在______处水平仪的最大读数差。

A．0°　B．30°　C．60°　D．90°　E．180°　F．270°

18．设备在高温下作业时，容易使润滑油的______。

A．水分增多　B．水溶性酸、碱增多　C．闪点降低

D．化学稳定性差　E．杂质增多　F．热稳定性差

19．由于______的影响，机械设备在运行过程中会造成连接松动。

A．传动元件的振动　B．传动元件不对称　C．传动元件的刚性变形

D．传动元件的摩擦　E．传动元件的冲击　F．设备工作温度较大的变化

20．为消除主轴轴向游隙的误差对检验精度的影响，卧式车床几何精度的______精度检测，必须按测量方向，沿主轴中心线加力。

A．主轴中心线的径向圆跳动　B．主轴定心轴颈的径向圆跳动

C．主轴的轴向窜动　D．主轴轴肩支承面的端面圆跳动

E．中滑板横向移动对主轴中心线的垂直度　F．主轴所装顶尖表面的斜向圆跳动

21．牛头刨床的横梁移动对工作台面的平行度超差时，在不影响其他精度项目的前提下，可以用______的方法进行修复。

A．修刮横梁上导轨面　B．修刮滑板与横梁上导轨的接触面

C．修刮或磨削侧面　D．调整机床左、右方向的倾斜度

E．修刮滑板键槽　F．修刮支架与床身接触面

22．设备的负荷试验要通过设备的试验测出设备的性能指标是否达到设计要求，如内燃机要测出______等性能。

A．功率　B．转速　C．扭矩　D．效率　E．耗油量　F．排气温度

23．卧式车床工作试验的主要项目有______试验。

A．精车轴外径　B．精车轴内径　C．精车台阶轴

D．精车端面　E．精车丝杠　F．精车蜗杆

24．设备工作试验出现的振动源若是液压系统，其产生的原因有______。

A．液压泵输出的压力不稳定　B．液压系统中的油管太细

C．液压系统中进入空气，管道碰撞　D．液压润滑油变质或黏度下降

E．液压控制阀失灵　F．液压缸的直线度超差

25．牛头刨床滑枕的几何精度，可以通过刮削、以磨代刮、以精刨代刮来保证，但在装夹和加工时必须注意______变形。

A．机床床身导轨　B．机床工作台　C．滑枕在工作台上装夹

D．滑枕的刚性　E．滑枕的热

26．设备的工件精度故障产生的主要原因有______。

A．几何精度超差　B．装配精度超差

C．操作人员技术　D．传动元件、运动件的磨损及调整不当

E．刀具、辅具、夹具的磨损　F．液压系统、电气系统的故障

27．设备振动故障诊断的振动监测，要注意______的选择和确定。

A．测量参数　B．测量标准　C．测量人员

D．测量位置　E．测量周期　F．测量工具

28．旋转机械的设备振动故障诊断的振动监测标准有______。

A．转速值判断标准　B．圆周速度值判断标准　C．绝对判断标准

D．相对判断标准　E．类比判断标准　F．综合判断标准

29．洛氏硬度试验法主要是用______来确定硬度的。

A．钢球　B．120°锥角的金刚石圆锥体　C．规定压力

D．压痕深度　E．压痕直径　F．压痕面积

30．旋转件静平衡的平衡架，在测量前要对平衡架的平行导轨用水平仪进行水平调整，其目的是为了______。

A．提高平衡架的刚性　B．提高平衡架的几何精度

C．减少平行导轨的摩擦力　D．防止平衡架沿导轨方向纵向倾斜

E．防止平衡架横向倾斜　F．提高静平衡的准确性

五、参考答案

知识试题

（一）判断题

1.√ 2.× 3.√ 4.× 5.× 6.× 7.√ 8.× 9.√ 10.×
11.√ 12.√ 13.√ 14.× 15.√ 16.× 17.× 18.√ 19.√ 20.√
21.× 22.× 23.× 24.√ 25.√ 26.√ 27.× 28.× 29.√ 30.√
31.× 32.× 33.× 34.√ 35.√ 36.√ 37.√ 38.√ 39.× 40.×
41.× 42.√ 43.× 44.√ 45.× 46.√ 47.× 48.√ 49.√ 50.×
51.× 52.√ 53.× 54.× 55.√ 56.× 57.√ 58.√ 59.× 60.√
61.× 62.× 63.√ 64.× 65.√ 66.√ 67.× 68.√ 69.× 70.×
71.× 72.√ 73.√ 74.√ 75.× 76.× 77.√ 78.× 79.× 80.√
81.√ 82.× 83.× 84.× 85.× 86.√ 87.× 88.√ 89.√ 90.×
91.√ 92.√ 93.√ 94.× 95.√ 96.× 97.× 98.√ 99.√ 100.√
101.× 102.√ 103.× 104.√ 105.× 106.√ 107.× 108.× 109.√ 110.×
111.× 112.× 113.√ 114.× 115.√ 116.×

（二）单项选择题

1.C 2.D 3.D 4.A 5.C 6.B 7.B 8.B 9.C 10.C
11.B 12.C 13.D 14.C 15.A 16.B 17.C 18.B 19.B 20.C
21.C 22.D 23.D 24.C 25.C 26.B 27.B 28.A 29.D 30.C
31.B 32.B 33.A 34.A 35.D 36.B 37.C 38.D 39.D 40.D
41.B 42.D 43.C 44.B 45.C 46.D 47.D 48.C 49.B 50.A
51.C 52.B 53.D 54.C 55.B 56.B 57.C 58.B 59.D 60.D
61.A 62.D 63.B 64.D 65.B 66.B 67.A 68.B 69.C 70.B
71.B 72.C 73.B 74.C 75.C 76.D 77.A 78.D 79.C 80.B
81.C 82.C 83.B 84.D 85.C 86.C 87.B 88.C 89.C 90.D
91.A 92.C 93.B 94.D 95.C 96.C 97.A 98.C 99.B 100.C
101.A 102.B 103.D 104.D 105.C 106.D 107.A 108.B 109.A 110.B
111.C 112.C 113.C 114.A 115.D 116.B 117.C 118.B 119.B 120.C
121.D 122.C 123.C 124.D 125.B 126.D 127.A 128.D 129.C

（三）多项选择题

1.BD 2.ACDF 3.ADF 4.ABDF 5.AC 6.CD 7.ABDF
8.CDEF 9.ACDF 10.BD 11.AD 12.CE 13.DF 14.ABD

15.ABE　16.ACD　17.ADEF　18.BC　19.CE　20.ABD　21.BDE
22.ACDF　23.BDF　24.ADEF　25.BCD　26.BD　27.CDF　28.ABF
29.CD　30.ACDF　31.CEF　32.ACE　33.ABCEF　34.ACEF　35.CDEF
36.ABCDE　37.BCDE　38.BD　39.ABDE　40.BCDE　41.AB　42.ABE
43.ABCDEF　44.AD　45.ABCF　46.CDE　47.CDEF　48.ACDF　49.BDF
50.ACDF　51.BCD　52.BCE　53.ACDF　54.AEF　55.ADE　56.BC
57.ACDF　58.CEF　59.BCEF　60.CD　61.EF　62.ACDE　63.BF
64.CDF　65.AE　66.ABEF　67.ACDE　68.ACEF　69.ADE　70.CDE
71.CEF　72.ABCF　73.ACD　74.ABDE　75.CE　76.CDE　77.CD
78.BEF　79.BDEF　80.EF　81.BCDF　82.ADEF　83.AC　84.ACDF
85.ACD　86.ACEF　87.BC　88.BE　89.BCE　90.ADE　91.ABCD
92.ABCE　93.BE　94.BDF　95.ABCEF　96.ABCF　97.ABDF　98.ABCD
99.CD　100.ACE　101.ABDF　102.ACE　103.ABE　104.ACE　105.ABCD
106.CE　107.ACE　108.BDF　109.CE　110.ABDF　111.BCF　112.BDE
113.ACEF　114.ADF　115.ABE　116.BCE　117.CDE　118.DF　119.ABDEF
120.BDF　121.ABDF　122.ABCD　123.BE

知识考核模拟试卷（一）

（一）判断题

1.×　2.√　3.√　4.×　5.×　6.√　7.×　8.×　9.√　10.×
11.√　12.×　13.√　14.×　15.√　16.√　17.×　18.√　19.×　20.×
21.√　22.√　23.√　24.×　25.√　26.√　27.×　28.×　29.√　30.×

（二）单项选择题

1.D　2.B　3.C　4.D　5.B　6.C　7.D　8.C　9.B　10.C
11.C　12.C　13.B　14.D　15.B　16.C　17.C　18.B　19.C　20.B
21.D　22.A　23.A　24.B　25.B　26.C　27.D　28.B　29.C　30.C
31.D　32.B　33.C　34.D　35.C　36.D　37.D　38.A　39.A　40.D

（三）多项选择题

1.ACF　2.BDF　3.CD　4.ABEF　5.AC　6.ABE　7.BDE
8.ABDF　9.BCD　10.ACDF　11.ACEF　12.BCDE　13.CDE　14.BDF
15.BCD　16.ACDF　17.ACDF　18.AE　19.EF　20.BDEF　21.BE
22.ABCEF　23.CD　24.ABCD　25.BDF　26.CDEF　27.ADF　28.BCE
29.BD　30.ACD

知识考核模拟试卷（二）

（一）判断题

1.√	2.×	3.×	4.√	5.√	6.×	7.√	8.×	9.√	10.×
11.×	12.×	13.√	14.×	15.√	16.√	17.×	18.√	19.√	20.×
21.√	22.√	23.√	24.×	25.×	26.×	27.×	28.√	29.√	30.√

（二）单项选择题

1.B	2.D	3.C	4.B	5.C	6.D	7.C	8.A	9.D	10.B
11.D	12.B	13.B	14.C	15.C	16.D	17.D	18.A	19.B	20.B
21.C	22.B	23.A	24.A	25.C	26.D	27.B	28.C	29.C	30.B
31.C	32.D	33.D	34.C	35.A	36.B	37.C	38.B	39.D	40.C

（三）多项选择题

1.AEF	2.EF	3.BD	4.AC	5.ABE	6.CDF	7.ABD
8.BCEF	9.ACDF	10.CDEF	11.BCDE	12.ABCDEF	13.ACDF	14.ACDF
15.BCD	16.BCEF	17.AE	18.CDEF	19.AEF	20.BCDF	21.BCE
22.ABCEF	23.ADE	24.ACE	25.CE	26.ABCDEF	27.ADE	28.CDE
29.ABCD	30.DEF					

第三部分　高级机修钳工

一、学 习 要 点

表Ⅲ—1

工作内容	序号	学习要点	重要程度
劳动保护与作业环境准备	1	安全检查	掌握
	2	配合工种——电工的安全操作规程	熟悉
	3	配合工种——起重工的安全操作规程	了解
	4	配合工种——焊工的安全操作规程	了解
	5	配合工种——管道工的安全操作规程	了解
技术准备	1	机械传动知识	掌握
	2	液压（气压）传动知识	掌握
	3	电气系统基础知识	熟悉
	4	钳工与机械加工零件修复技术	了解
	5	压力加工零件修复技术	了解
	6	金属喷涂零件修复技术	了解
	7	喷焊零件修复技术	了解
	8	电镀零件修复技术	了解
	9	刷镀零件修复技术	熟悉
	10	黏结零件修复技术	熟悉
	11	零件修复工艺的选择及工艺规程的制订	熟悉
	12	设备修理工艺的制订	掌握
	13	设备安装工艺的制订	掌握
物料、工具准备	1	机床修理用量棒的设计与制作	掌握
	2	机床修理用研磨棒的设计与制作	掌握
	3	水准仪的使用	掌握
	4	合像水平仪的使用	熟悉
	5	光学自准直仪的使用	熟悉
	6	经纬仪的使用	了解
	7	修理用铸造金属毛坯的准备	了解
	8	修理用锻造金属毛坯的准备	了解
	9	修理用焊接金属毛坯的准备	了解

续表

工作内容	序号	学习要点	重要程度
设备搬迁、安装、调试	1	龙门刨床的安装、调试技术	掌握
	2	桥式起重机的安装、调试技术	掌握
	3	铸铁冲天炉的安装技术	熟悉
	4	恒温环境的控制技术	了解
	5	高处作业对环境的要求	了解
	6	水下或潮湿环境作业知识	了解
	7	高温环境作业知识	了解
	8	粉尘或有害、有毒环境作业知识	了解
	9	低温环境作业知识	了解
	10	噪声环境作业知识	了解
设备保养和维修	1	万能磨床运行中常见的机械故障及排除	掌握
	2	龙门刨床运行中常见的机械故障及排除	掌握
	3	滚齿机运行中常见的机械故障及排除	熟悉
	4	机床液压系统常见故障产生的原因及排除方法	掌握
	5	M131W 万能外圆磨床液压故障的排除	掌握
	6	B690 牛头刨床液压故障的排除	熟悉
	7	M1432A 万能外圆磨床液压故障的排除	了解
	8	机械设备二级保养技术	掌握
	9	CA6140 卧式车床的二级保养操作	熟悉
设备中修（项修）、大修及设备精化	1	精密机床精密零件的修复	熟悉
	2	大型设备机械零件的修复	掌握
	3	高压、高温设备机械零件的修复	了解
	4	耐腐蚀机械零件的修复	了解
	5	高速运行机械零件的修复	熟悉
	6	精密、高速设备导轨的修复与调整	熟悉
	7	大型设备导轨的修复及调整	掌握
	8	高温、耐腐蚀设备输送链的修复	了解
	9	大型零件的制造	熟悉
	10	精密零件的制造	熟悉
	11	零件电火花、线切割加工技术	了解
	12	工件表面硬化技术	了解
设备外观检查	1	机械设备二级保养后的检查	掌握
	2	设备中修（项修）后的外观检查	掌握
	3	设备大修后的外观检查	熟悉
	4	设备大修后的空运转试验	熟悉
	5	电动机的主要故障及排除	了解

续表

工作内容	序号	学习要点	重要程度
设备外观检查	6	电磁离合器的主要故障及排除	了解
	7	熔断器、热继电器的作用及报警原因	了解
	8	接触开关、继电器的主要故障及排除	了解
金属切削机床几何精度检查	1	万能外圆磨床几何精度检查方法	掌握
	2	万能外圆磨床几何精度超差的处理	掌握
	3	龙门刨床几何精度检查方法	掌握
	4	龙门刨床几何精度超差的处理	掌握
	5	滚齿机几何精度检查方法	熟悉
	6	滚齿机几何精度超差的处理	熟悉
	7	几何精度检查公差的两项规则	熟悉
	8	减小几何精度测量误差的两项要求	熟悉
	9	几何精度检查前机床状态的调整	熟悉
	10	机床几何精度检查的几项规定	熟悉
	11	减少几何精度测量误差的方法	熟悉
设备运行检查（动态）	1	卧式镗床的工作精度检查	掌握
	2	卧式镗床工作精度超差的处理	掌握
	3	龙门刨床的工作精度检查	掌握
	4	龙门刨床工作精度超差的处理	掌握
	5	精密万能磨床的工作精度检查	熟悉
	6	精密万能磨床工作精度超差的处理	熟悉
	7	万能工具显微镜的结构和使用	了解
	8	双频激光干涉仪的结构和使用	了解
	9	万能测齿仪的结构和使用	了解
	10	三坐标测量机的结构和使用	了解
	11	设备过载试验的试验规程	熟悉
	12	设备过载试验的要求	熟悉
特殊检查	1	旋转件动平衡原理及操作	熟悉
	2	机械噪声测量	熟悉
	3	金属零件的超声波检测	了解
	4	金属零件磁粉探伤	了解
	5	金属零件渗透检测	了解
培训指导	1	生产实习教学讲授法	熟悉
	2	生产实习教学示范操作法	熟悉
	3	生产实习教学指导操作训练法	熟悉
	4	生产实习的课堂教学方法	熟悉

续表

工作内容	序号	学习要点	重要程度
质量管理	1	质量管理小组活动课题的选定	了解
	2	质量管理小组活动的程序	熟悉
	3	设备修理班组质量管理活动的开展	掌握
生产管理	1	维修班组生产管理活动的开展	了解
	2	大修班组的生产管理	掌握
	3	单台设备修理成本的核算方法	熟悉
	4	修理作业班组的费用核算	熟悉
	5	设备修理网络计划的制订方法	熟悉

二、知识试题

（一）判断题 下列判断题中正确的请打“√”，错误的请打“×”。

1．安全检查是推动企业做好劳动保护工作的重要方法。（ ）

2．蒸汽锅炉压力表装用后，每年对压力表至少要校验一次。（ ）

3．连续的安全检查能够及时地发现问题，及时进行纠正，以防止发展成为严重的问题或事故。（ ）

4．发给电工使用的绝缘胶鞋可以带电穿用。（ ）

5．用卡子连接钢丝绳的绳套时，卡子的数量不得少于5个。（ ）

6．氧气管接头应使用钢件，乙炔管接头应用黄铜制成，使用时接头应拧紧，不得有漏气现象。（ ）

7．有压力的蒸汽管道不能检修，修理时必须先关紧进汽阀门，打开放汽阀门，确认管路内没有压力后方可开始检修。（ ）

8．液压传动系统液压泵的作用是将电动机的机械能转变为油液的压力能。（ ）

9．液压传动系统中的液压马达是将液压能转变成机械能的能量转换装置。（ ）

10．当连接螺纹孔的螺纹磨损时，允许将螺纹孔扩孔后重新攻螺纹来修复。（ ）

11．金属喷涂是利用火焰、电弧等热源，将金属或非金属材料加热到熔融状态后焊接到工件表面的一种零件修复方法。（ ）

12．刷镀技术是在损坏的工件表面快速沉积金属的一种零件修复方法。（ ）

13．经过修复的机械零件必须保持足够的强度和刚度，但其使用寿命和使用性能会受到一定的影响。（ ）

14．厂房内进行设备安装定位的依据是厂房平面布置图。（ ）

15．在机修作业中，可以使用量棒测量各传动轴之间的同轴度、平行度和相交度。（ ）

16．量棒不能用于测量中心线与平面的平行度和垂直度。（ ）

17．为了确保量棒尺寸的稳定性，在量棒的制作工艺过程中要加入2~3次人工时效处理，充分消除内应力。（ ）

18．研磨棒按其结构形式，可以分为固定尺寸研磨棒和可调尺寸研磨棒。（ ）

19．长研磨棒用于研磨较长的孔，短研磨棒则用于短孔的研磨。（ ）

20．制作研磨棒的材料硬度应高于被研磨工件材料的硬度。（ ）

21．可调尺寸研磨棒的外径应根据被研孔径进行调整，一般调整后的外径应略小于被研孔的孔径。（ ）

22．达到预期的使用功能是设计设备修理用工具的根本目标。（ ）

23．在设计设备修理用工具时，应使其有尽可能多的使用功能。（ ）

24．精密水准仪是采用平行玻璃板测微器进行读数的。（ ）

25．合像水平仪不仅可以测量机床导轨在水平面内的直线度，也可以用来测量导轨在垂直面内的直线度。（　）

26．合像水平仪采用双像重合对准的方法来提高其读数的准确度。（　）

27．合像水平仪使用前，应先检查仪器显示的零位是否正确。（　）

28．合像水平仪可以测量平面的平面度和直线度，也可以测量圆柱形表面的直线度。（　）

29．光学平直仪可以用来检查金属切削机床床身导轨面在水平面和垂直面内的直线度误差。（　）

30．光学平直仪是将平行光管和反光镜做成一个整体进行使用的检测仪器。（　）

31．合像水平仪的测量值是角度误差，而光学平直仪的测量值则是线值误差。（　）

32．光学平直仪的读数值与其反光镜垫板的长度无关。（　）

33．经纬仪是一种高精度的测量仪器，它可以用于精密分度精度的测量。（　）

34．使用经纬仪前，必须先调平仪器的安装水平。（　）

35．铸造工艺图是指导模样和芯盒设计、铸造生产准备、造型和铸件检验的基本工艺文件。（　）

36．金属铸造时，浇注系统设置的优劣，对于阻止熔渣、砂粒进入型腔，并对铸件凝固的顺序起着调节作用。（　）

37．设计铸件图时，应在零件的各表面上留有合适的加工余量。（　）

38．铸造时，为了使铸件容易从砂型中起出，在平行于起模方向的模样上或芯盒内壁上要有 100:1～20:1 的起模斜度。（　）

39．零件上的孔或槽，一般在铸造时不予铸出，而在机械加工时制出。（　）

40．为了获得外形美观的铸件，对于零件两壁交角处，在铸件上都做成圆角，这种圆角称为铸造圆角。（　）

41．对于零件外形为圆锥的部分，在设计铸件图时不必另加起模斜度。（　）

42．铸件上呈集中孔洞或细小分散的孔洞，且多位于铸件厚大部分的内部，这种缺陷称为砂眼。（　）

43．铸件冷隔缺陷是指铸件表面有未完全融合的圆弧状接口缝隙。（　）

44．铸件内出现的形状不规则且内含砂粒的孔洞，位于铸件表面或内部，这种铸造缺陷称为夹砂。（　）

45．铸件开裂，裂纹表面呈氧化色时称为热裂；裂纹表面发亮称为冷裂。（　）

46．锻件工艺图是在零件图的基础上考虑了加工余量、锻造公差、工艺余块后，绘制而成的图样。（　）

47．在零件图尺寸的基础上，加上零件的加工余量所得到的尺寸，称为锻件的基本尺寸。（　）

48．锻造成形时，为了保证经过机械加工最终得到需要的尺寸，而允许保留的那部分多余的金属部分，称为锻件余块。（　）

49．轴类锻件的某一段直径大于邻接的一段或两段的直径时，则将直径较大的那部分称为法兰。（　）

50．在锻造工艺图中，锻件的外形用粗实线表示，零件的外形用双点划线表示。（　）

51. 在锻造工艺图中，零件的基本尺寸与公差标注在尺寸线的上面；锻件要求的尺寸和公差标注在尺寸线的下面括号内。（ ）

52. 绘制模锻件与自由锻件的锻造工艺图的不同点在于要考虑锻件的分模面、锻造斜度和圆角半径等。（ ）

53. 焊接是一种非永久性连接金属材料的工艺方法。（ ）

54. 焊接气孔是指大气中的空气进入焊缝中所形成的孔穴。（ ）

55. 金属焊接后，在熔池冷却至固相线附近的高温区所产生的裂纹称为热裂纹。（ ）

56. 焊接时的未焊透是指焊缝金属与母材之间，在多层焊时的各焊道之间未完全熔化结合的现象。（ ）

57. 设备安装时，灌浆后必须经过 2 ~ 3 天，待水泥硬化后方可拧紧地脚螺栓的螺母，在拧紧螺母时，应保证设备所调整的精度不发生变化。（ ）

58. 在现代化工业企业中，桥式起重机是一种用于起重和搬运工件的机械设备。（ ）

59. 分成几大件后进行发运的桥式起重机，安装前必须在工作地预先进行拼装，然后整体吊装至其安装位置。（ ）

60. 桥式起重机的两条轨道从端部或伸缩缝处算起，轨道的接头至少应错开 500 mm，以使起重机运行平稳。（ ）

61. 为了检查机械设备本身的设计、制造以及安装后的质量情况，要对设备进行试运行，试运行可以分为无负荷、静负荷和动负荷三个阶段。（ ）

62. 安装铸造用冲天炉底座、炉底和外壳下部时，应对各连接面的水平度、冲天炉中心线的垂直度进行测量。（ ）

63. 工业的恒温环境必须具有恒定的温度和恒定的湿度，其温度控制范围为 (20 ± 1)℃，相对湿度控制范围为 50% ~ 70%。（ ）

64. 对于恒温恒湿环境控制设备，在自然季节或室内的温度、湿度发生变化时，应选择各种控制转换开关进行调整。（ ）

65. 凡在坠落高度距基准高度 3 m 以上（含 3 m），有可能坠落的高处进行作业，均称为高处作业。（ ）

66. 高处作业可以分为一般高处作业和特殊高处作业，一般高处作业是指特殊高处作业以外的所有高处作业。（ ）

67. 当水面风力超过 6 级，作业区水流速度超过 0.1 m/s 时，禁止从事水下切割作业。（ ）

68. 毒物是指进入人体血液中导致疾病或死亡的物质。在工业生产中，毒物常以气体的形态存在于作业环境中。（ ）

69. 在冷处理工件时，必须穿戴好防护用品，以免作业时冷却液溅出灼烧皮肤。（ ）

70. 在很强的噪声或常在噪声环境下工作，会引起听觉障碍。（ ）

71. 万能外圆磨床磨削工件外圆表面时出现螺旋纹，主要是由于工作台移动时存在液压爬行现象。（ ）

72. 如果万能外圆磨床工件头架中心线与尾座中心线相对于工作台面的高度不一致，将导致磨削工件外圆的锥度超差。（ ）

73. 当发现万能外圆磨床的内圆磨具轴承间隙过大时，应及时对其间隙进行调整，否则

将使磨削工件内孔表面出现鱼鳞纹。 ( )

74．如果发现龙门刨床工作台运动不稳定，应首先检查机床润滑工作台的油管供油情况是否正常。 ( )

75．龙门刨床的两根横梁升降丝杠的制造精度，只要保证它们在相同的高度上具有相同的螺距累积误差即可。 ( )

76．滚齿机交换齿轮装配时，如果啮合间隙过大，将会导致刀架滑板做升降移动时产生爬行。 ( )

77．滚齿机的分度蜗轮副装配时齿侧间隙过大，会导致滚齿机工作时噪声增大，甚至发生强烈的振动。 ( )

78．滚齿机加工工件齿形母线凹凸不平时，主要是由滚齿机分度蜗轮副精度太低引起的。 ( )

79．滚齿机加工斜齿圆柱齿轮时，由于计算差动交换齿轮的误差过大，导致被加工齿轮的齿向误差超差。 ( )

80．使用磨钝的滚刀加工齿面时，会使加工表面出现撕裂纹。 ( )

81．由于滚齿机垂直丝杠上端液压油缸中液压油的压力调得过低，使刀架垂直移动时产生爬行，将被加工齿面啃出一块块斑痕，称为啃齿痕。 ( )

82．滚刀在刀轴上安装时的径向圆跳动、轴向窜动量过大，会使被加工齿轮的齿面出现啃齿痕。 ( )

83．液压系统中，当空气混入压力油以后，会溶解在压力油中，使压力油具有可压缩性，驱动刚性下降，出现爬行现象。 ( )

84．液压泵吸油管和液压系统回油管在油箱中的开口相距太近，回油搅成气泡被吸入油泵，产生低速运动爬行。 ( )

85．液压系统的回油路上没有设置背压阀或回油单向阀，是导致设备运行时产生爬行的主要原因。 ( )

86．液压驱动的金属切削机床产生爬行故障时，应该从液压系统的各个环节查找产生故障的原因。 ( )

87．一般液压机床油温不得超过60℃，油温过高，将造成液压驱动工作性能的不稳定。 ( )

88．为了提高液压系统工作的稳定性，冬天一般用黏度较大的液压油，夏天用黏度较小的液压油。 ( )

89．液压系统的压力调得越高，液压油的温升也越高。 ( )

90．液压系统的油箱容积越大，液压油的温升也越高。 ( )

91．液压冲击是由液体的惯性和运动部件的惯性引起系统内压力急剧变化造成的。 ( )

92．液压冲击不仅影响液压系统工作的稳定性，还会撞坏系统中的某些零部件。 ( )

93．由于液压换向阀的快速移动，使液流通过截面发生突变，引起工作机构速度突变，产生液压冲击。 ( )

94．外圆磨床砂轮架引进或后退产生冲击的主要原因是液压系统的压力调得过高。 ( )

95．液压系统混入大量空气将产生液压冲击。 （ ）

96．以操作人员为主、设备维修人员参加的对设备的定期维修，称为机械设备的二级保养。 （ ）

97．机械设备二级保养制度是建立在计划预修制度基础上的。 （ ）

98．在对卧式车床进行二级保养时，如发现导轨浅拉毛，可用刮削修复；如拉毛较深，可用导轨胶粘补。 （ ）

99．机床二级保养时，应对其主要几何精度进行检查，若发现超差，须及时安排大修理进行修复。 （ ）

100．各类精密机床的加工精度和使用寿命取决于精密零件的制造和装配精度。（ ）

101．修复大型设备的机械零件时，不得降低原有零件的强度、刚度，不得降低其使用寿命。 （ ）

102．在修复长期高速运转的零件前，必须先进行探伤检验。 （ ）

103．对精密机床的零部件的修复，可在常温条件下进行，但装配精密的零部件，则必须在恒温条件下进行。 （ ）

104．采用光学平直仪进行测量时，为了消除视觉误差，反射镜应从远到近逐段进行测量。 （ ）

105．机械零件制造总的原则是工艺规程的合理性和先进性相结合。 （ ）

106．电火花加工和线切割加工都是采用了放电加工的原理。 （ ）

107．机床导轨表面电接触淬火的电极材料，最好是选用石墨电极，其次是铜。 （ ）

108．机床导轨高频感应淬火是使工件在高频交变电磁场的作用下，表面产生感应高电压，而实施加热、淬火。 （ ）

109．在进行机床大修理后的外观检查时，要求各固定连接面密合可靠，用 0.03 mm 塞尺检查时塞不进去。 （ ）

110．机床空运转试验时，要求每级转速的运行时间不少于 2 min，在最高转速下的运行时间不少于 30 min。 （ ）

111．机床空运转试验时，应进行纵向、横向及升降进给逐级运转试验及快速移动试验，各进给量的运转时间不少于 2 min，快速运转时间不少于 30 min。 （ ）

112．熔断器是最常用的短路保护电器，串接在被保护电路中，当线路或用电设备负载过大时，会及时切断电源，起到保护作用。 （ ）

113．熔断器的规格必须等于电动机的额定电流，不可随意加大。 （ ）

114．电路中的热继电器是利用电流的热效应来推动动作机构，用触头系统闭合或分断来保护电路的。 （ ）

115．继电器是根据电流、电压、时间、温度和速度等信号，来接通或断开小电流电路和电器的控制元件。 （ ）

116．万能外圆磨床床身纵向导轨的直线度可以用水平仪进行测量。 （ ）

117．只要使万能外圆磨床工件头架和尾座的中心线同轴度精度达到要求，就能保证头架、尾座移置导轨对工作台移动的平行度精度符合要求。 （ ）

118．万能外圆磨床工件头架回转时，主轴中心线的等高度必须在确保砂轮架移动精度合格后方可进行检验。 （ ）

119．当发现万能外圆磨床砂轮架移动对工作台移动的垂直度精度超差时，可以通过转动工作台面进行调整修复。（ ）

120．万能外圆磨床砂轮快速引进重复定位精度超差，将直接影响批量磨削工件外圆尺寸的一致性，而不会影响单件的尺寸精度。（ ）

121．龙门刨床工作台面对工作台移动的平行度精度，可以用水平仪在工作台面上进行检验。（ ）

122．如果龙门刨床工作台面对工作台移动的平行度精度符合要求，说明工作台是等厚的。（ ）

123．当发现龙门刨床工作台中央T形槽对工作台移动的平行度精度超差时，必须重新修复T形槽定位面，直至达到要求。（ ）

124．如果两根垂直进给丝杠的螺距累积误差不相同，将导致龙门刨床横梁升降时发生倾斜。（ ）

125．龙门刨床侧刀架溜板与立柱导轨面的配合应呈两端接触、中间脱空状态，以防止侧刀架升降时出现摇摆。（ ）

126．滚齿机外支架移动时，对工作台回转中心线的平行度精度检验，实际上是测量后立柱导轨面与工作台回转中心线的平行度。（ ）

127．滚齿机外支架起着增强机床刚性，提高切削平稳性和加工精度的作用。（ ）

128．如果滚齿机外支架顶尖中心线与工作台回转中心线的同轴度精度符合要求，则外支架孔中心线与工作台回转中心线的同轴度精度也符合要求。（ ）

129．当发现滚齿机刀架中心线移动对工作台回转中心线的平行度精度超差时，可通过修刮工作台壳体与床身导轨的滑动面或修刮立柱底面来校正。（ ）

130．在修复滚齿机刀架各面时，只有以刀架前、后轴承孔为基准，才能保证刀具主轴中心线与旋转面的平行度精度。（ ）

131．机床几何精度检查时，若与基准测量范围有很大的差别，则实际测量范围的几何精度可以按比例进行折算。（ ）

132．机床几何精度检查时，减小测量范围的公差值，应比按比例算出的公差值小。（ ）

133．以公差与测量误差的差值作为检验时允许的测量结果的最大值。（ ）

134．进行高精度检验时，其测量误差不得超过公差的25%。（ ）

135．机床几何精度检查前，应按机床说明书的要求，先检查机床的安装水平。（ ）

136．机床几何精度检查必须安排在工作精度检查前进行。（ ）

137．机床几何精度检查时，一般不做床身导轨的精度检查。（ ）

138．检查机床各运动部件的几何精度时，各部件的运动可以采用手动，也可以采用机动。（ ）

139．在进行精度测量读数时，每个人的目测读数是不一样的，这就是视差，为了消除视差，在一次测量中必须多人进行读数。（ ）

140．卧式镗床主轴平旋盘径向移动溜板燕尾导轨面接触不好，斜铁配合过松，将导致镗孔时工件圆度超差。（ ）

141．卧式镗床主轴箱导向导轨与主轴中心线不垂直时，会导致主轴箱镗杆走刀镗孔与

工作台水平走刀镗孔之间的平行度超差。（ ）

142．龙门刨床工作精度检查时，应准备相当于刨削最大长度的试件。（ ）

143．龙门刨床横梁与立柱导轨的垂直度超差，将会使刨削工件两相互垂直的加工平面的垂直度精度超差。（ ）

144．在进行万能外圆磨床工作精度检验时，应先准备好淬硬的钢试件。（ ）

145．万能外圆磨床床身导轨扭曲，将导致磨削长工件时圆柱度精度超差。（ ）

146．万能工具显微镜可以用于测量工件的长度和几何形状误差，但不能测量角度误差。（ ）

147．激光的单色性好、相干性强、发散角小，所以可用于干涉法进行长距离测量。（ ）

148．在机械设备修理中，可以用激光干涉仪代替平直度检查仪进行导轨直线度的测量。（ ）

149．万能测齿仪可以测量齿轮的传动误差和渐开线齿形误差。（ ）

150．三坐标测量机在测量工件时，必须使工件的基准面与测量机的一个坐标中心线相平行。（ ）

151．设备经过工作检验合格后，一般还应进行过载试验。（ ）

152．在机床的过载试验要求中，规定了试件的材料、尺寸，刀具材料、规格及切削用量等参数。（ ）

153．对于长径比较大的高速旋转零部件，只进行静平衡是不够的，还必须进行动平衡试验。（ ）

154．旋转件动平衡时，只需要在两个校正面上进行平衡校正，就能使工件获得良好的动平衡。（ ）

155．进行动平衡的旋转件，必须使用原配的轴承作为支承。（ ）

156．平衡精度要求高的旋转件，在做完低速动平衡后，还需再进行高速动平衡。（ ）

157．用剩余不平衡力矩表示不平衡精度时，不必再考虑被平衡工件的质量大小。（ ）

158．机械噪声可以通过气体、液体、固体媒质进行传播。（ ）

159．当声源振动不作为声音传播时，不会被声压计接收到。（ ）

160．为了避免反射声对测量的影响，测量声压的测点应尽量接近反射面。（ ）

161．当被测噪声与本底噪声之差大于 10 dB 时，对测得值不必进行修正。（ ）

162．超声波检测仪可以发射超声波，并能直接接收从工件反射回来的超声波，经过处理后将检测结果显示出来。（ ）

163．进行磁粉探伤时，必须将组装的被测部件一一拆开后，才能进行检测。（ ）

164．渗透法检测可以检测出被测工件深部的缺陷。（ ）

165．示范操作法是一种直观的教学方法，通过教师示范操作，可使学生直观、具体、形象和生动地进行学习。（ ）

166．通过课堂教学、综合操作训练和生产独立操作训练，可将学生的基础、专业知识转化为生产技能与技巧。（ ）

167．在学生进行训练操作过程中，教师应有计划、有目的、有组织地进行全面检查和指导。 （ ）

168．班组质量管理活动的主要形式是建立质量信得过班组。 （ ）

169．质量管理小组选择活动课题的范围包括质量、成本、设备、效率、节能、环保、安全、管理、班组建设及服务等方面。 （ ）

170．机修作业班组质量管理活动应围绕提高产品质量，保证设备正常运行。 （ ）

171．设备大修班组与设备维修班组都是为设备正常运行服务的，所以其生产管理工作也是基本相同的。 （ ）

172．维修班组进行经济核算的依据是修理中使用的更换件、配件、材料和修复件的实际消耗花费。 （ ）

173．设备修理网络计划是修理生产组织和管理中的一种科学方法。 （ ）

174．影响网络计划工期的路线被称为关键路线。 （ ）

（二）单项选择题 下列每题中有多个选项，其中只有 1 个是正确的，请将正确答案的代号填在横线空白处。

1．安全检查是推动企业______工作的重要方法。

A．安全管理　B．劳动保护　C．文明生产　D．安全生产

2．电工不得使用字样不清和______做的警告牌。

A．木板　B．硬纸板　C．金属　D．铜板

3．电工绝缘用具必须______进行一次耐压试验。

A．每季度　B．每半年　C．每两年　D．每年

4．起重工起吊重物时，应先起吊______mm，检查无异常时再起吊。

A．200　B．500　C．100　D．1 000

5．气焊用的乙炔胶管的颜色为______

A．绿色　B．黑色　C．红色　D．黄色

6．检修蒸汽安全阀时，应先______。

A．打开减压阀　B．关闭进汽阀　C．打开放汽阀　D．打开旁通阀

7．为了保证液压系统的压力稳定，应采用______对压力进行控制。

A．溢流阀　B．减压阀　C．顺序阀　D．定压阀

8．金属喷涂修复钢制零件前，应将零件预热至______。

A．60～80℃　B．80～100℃　C．100～120℃　D．120～150℃

9．经刷镀修复后的零件，要用______冲洗镀层，相关部位做防锈处理。

A．碱性溶液　B．酸性溶液　C．自来水　D．煤油

10．______是量棒设计的纲领性文件。

A．设备验收标准　B．修理合同　C．修理任务书　D．设计任务书

11．量棒的精度要求是设计者根据______要求计算确定的。

A．检验　B．使用　C．设备　D．工作

12．______一般用于消除孔的局部形状误差。

A．长研磨棒　B．短研磨棒　C．可调研磨棒　D．固定研磨棒

13．在安装设备时，可使用______进行高程测量。

A．水平仪　B．经纬仪　C．平直度检查仪　D．水准仪

14．合像水平仪是用来测量______的微小角度偏差。

A．水平位置　B．垂直位置　C．水平截面　D．两相交面

15．制作灰铸铁毛坯时，要考虑______的铸铁线收缩率。

A．0.3%～0.5%　B．0.5%～0.7%　C．0.7%～1%　D．1%～1.3%

16．铸件缺陷有气孔是指______。

A．圆形或梨形的光滑孔洞　B．集中或细小分散的孔洞

C．内含熔渣的孔洞　D．内含砂粒的孔洞

17．在零件图尺寸的基础上加上______所得的尺寸，称为锻件的基本尺寸。

A．锻件公差　B．残余毛边　C．锻件余块　D．加工余量

18．焊接时，熔化金属液满溢到熔池外面形成______。

A．焊瘤　B．咬边　C．夹渣　D．气孔

19．安装桥式起重机时，应尽量采用______吊装。

A．分部件　B．整体　C．左、右大梁分开　D．大、小车分开

20．桥式起重机行走轨道接头至少要错开______mm，以使行走平稳。

A．200　B．500　C．800　D．1 000

21．在桥式起重机安装起吊时，如果大车不平，可调整______。

A．起吊钢丝绳　B．尾部两个倒链

C．小车的位置　D．对角上栓的棕绳

22．安装铸铁冲天炉时，要测量柱子上平面的______。

A．平面度　B．平行度　C．等高度　D．水平度

23．恒温工作环境温度范围为______℃，控制精度为±1℃。

A．20～25　B．20～22　C．20～27　D．18～22

24．凡在坠落高度______m，有可能坠落的高处进行作业，均称为高处作业。

A．≥1　B．≥2　C．≥2.5　D．≥3

25．高温作业分级标准是______的管理标准。

A．作业环境　B．劳动强度分级　C．劳动保护工作　D．作业安全

26．用液态空气蒸发可以获得______℃的低温。

A．－75～－65　B．－80～－60　C．－120　D．－183

27．噪声对人体的危害程度与______有关。

A．声音的大小　B．频率与强度　C．声源的远近　D．工作环境

28．万能磨床磨削工件表面出现螺旋线，其主要原因是______。

A．砂轮磨钝　B．冷却液太脏

C．砂轮与工件部分接触　D．工作台移动时爬行

29．由于万能磨床的______，使磨削工件圆周呈鼓形或鞍形。

A．安装水平发生变化　B．砂轮架刚性差

C．床身导轨磨损　D．砂轮磨钝

30．万能磨床内圆磨头主轴轴承______，使磨削内孔呈多角形。

A．间隙太小　B．外圈松动　C．滚珠磨损　D．间隙过大

31．万能磨床内圆磨头砂轮接长轴径向圆跳动量太大，使磨削内孔出现______。

A．鱼鳞纹　B．纵向波纹　C．横向波纹　D．螺旋纹

32．为了防止龙门刨床床身导轨的局部磨损，应______安排短工件加工。

A．不准　B．尽量少　C．均匀　D．集中

33．龙门刨床工作台齿条与斜齿轮______，将导致工作台运动不稳定。

A．间隙过大　B．接触不良　C．间隙过小　D．齿面磨损

34．由于横梁夹紧时的______，致使龙门刨床横梁与工作台面的平行度发生变化。

A．夹紧力过小　B．夹紧力过大　C．夹紧力不稳定　D．夹紧力不均匀

35．交换齿轮______，将导致滚齿机刀架滑板升降时产生爬行。

A．啮合间隙过大　B．啮合间隙过小　C．挂轮架松动　D．制造精度太低

36．滚齿机分度蜗杆副精度低，将导致被加工齿轮的______超差。

A．齿形精度　B．齿向精度　C．公法线长度变动量　D．齿圈跳动量

37．滚刀主轴的轴向窜动过大，将导致被切齿轮齿面______。

A．齿形精度超差　B．母线凹凸不平　C．表面粗糙度超差　D．出现波纹

38．由于齿坯材料硬度不均匀，将导致滚齿时齿面出现______。

A．凹凸不平　B．鱼鳞纹　C．波纹　D．撕裂纹

39．滚刀架与立柱导轨间的斜铁松动，是滚齿时齿面______的主要原因。

A．出现啃齿痕　B．出现鱼鳞纹　C．凹凸不平　D．出现波纹

40．滚齿齿面出现______，主要是由工作台圆锥形导轨与床身锥孔配合过紧所致。

A．斜波纹　B．纵波纹　C．横波纹　D．鱼鳞纹

41．液压系统滤油器严重堵塞，吸油形成局部真空，将产生______的现象。

A．液压冲击　B．流量减小　C．进给爬行　D．压力下降

42．液压驱动机床配置供油系统功率太小，将使系统______。

A．温升过高　B．产生爬行　C．压力下降　D．流量减小

43．液压系统油温过高，是工作速度和进给量______的主要原因。

A．不稳定　B．增加　C．减小　D．抖动

44．一般液压机床的油温不得超过______℃。

A．50　B．60　C．65　D．68

45．液压系统的液压冲击是由于液流______产生的。

A．压力过高　B．流速过快　C．流量太大　D．方向迅速改变

46．齿轮油泵轴向及径向间隙过大，使______，系统将产生爬行。

A．输出油量减小　B．输出压力波动

C．建立不起工作压力　D．输出油量波动

47．液压牛头刨床液压系统中泄漏大，是______的主要原因。

A．滑枕移动爬行　B．油温过高　C．液压冲击　D．噪声增大

48．当发现液压牛头刨床不能迅速启动时，首先应检查______的故障。

A．制动阀　B．球形阀　C．阻力阀　D．溢流阀

49．液压牛头刨床球形阀的工作压力应调至______MPa。

A．5　B．4.5　C．4　D．3

50．液压系统______，将使万能磨床砂轮架出现微量抖动。

A．压力过高　B．压力过低　C．压力波动　D．液压冲击

51．由于万能磨床______，致使工作台换向不稳定。

A．工作压力太低　B．工作流量太小

C．移动速度太快　D．两端节流阀调整不当

52．由于______，使启动液压泵时，万能磨床工作台有纵向冲击。

A．系统中有空气　B．工作压力过高

C．液压泵功率太小　D．工作流量太大

53．因为______，使万能磨床工作台换向时发生冲击。

A．系统中有空气　B．工作压力过高

C．油缸密封过紧　D．工作流量过大

54．机械设备二级保养制度是建立在______制度基础上的。

A．可靠性维修　B．状态维修　C．计划预修　D．事后修理

55．二级保养所用的时间一般为______天左右。

A．7　B．6　C．5　D．4

56．卧式车床二级保养中，如发现主轴箱摩擦片磨光，可______。

A．更换新摩擦片　B．进行喷砂修复

C．进行电镀修复　D．进行喷涂修复

57．精密主轴滑动轴颈硬度不得低于______。

A．HRC62　B．HRC60　C．HRC58　D．HRC55

58．长期高速运转的零件，修复前先要______，以防发生事故。

A．进行静平衡　B．进行动平衡

C．检查配合间隙　D．进行探伤检查

59．当机床导轨是由一平一V形组成时，应按______的顺序修刮导轨面。

A．先平后V　B．先V后平　C．平、V交替　D．V、平交替

60．大型铸件一般采用______进行油腔密封试漏。

A．水压试验　B．油压试验　C．煤油试验　D．浸水试验

61．要求抗疲劳和耐磨性能高的精密主轴，采用38CrMoAlA材料，并经______热处理。

A．氮化　B．渗碳淬火　C．淬火、回火　D．高频淬火

62．电火花加工适用于______材料的成形加工。

A．金刚石　B．金属　C．玻璃　D．陶瓷

63．电接触加热瞬时温度可达______℃，形成自冷淬火。

A．800　B．900　C．1 000　D．1 150

64．高频淬火铸铁导轨面的淬火深度可达______mm。

A．0.5～0.8　B．0.8～1　C．1～1.5　D．1.5～2

65．设备二级保养以后，可按设备完好标准进行______检查。

A．几何精度　B．工作精度　C．外观质量　D．空运转

66．用______mm塞尺检查机床各固定结合面的密合程度。

A．0.02　B．0.03　C．0.04　D．0.05

67．按______检查设备各润滑点的油质、品种及数量。

A．设备说明书　B．设备保养要求　C．润滑表　D．润滑规范

68．设备空运转自低速逐级加快至最高转速，每级运转时间不少于______ min。

A．5　B．4　C．3　D．2

69．在设备空运转时，不得有______的噪声。

A．周期性　B．超过 85 dB　C．超过 80 dB　D．刺耳

70．电源电压过低，将使电动机______。

A．无法启动　B．过热　C．转速减慢　D．停转

71．电磁离合器______，使铁心吸合时噪声增大。

A．衔铁距离过大　B．线圈线头松动

C．线圈供电电压不足　D．线圈电流太小

72．电路中的熔断器规格应______电动机额定电流。

A．小于　B．等于　C．略大于　D．大于

73．电动机的过载保护通常采用______来实现。

A．热继电器　B．熔断器　C．保险丝　D．闸刀开关

74．接触开关利用______作用吸合。

A．手动　B．电磁力　C．弹簧　D．液动

75．继电器是通过______对电路实行控制的。

A．闸刀开关　B．空气开关　C．接触器　D．接触开关

76．万能磨床床身纵向导轨的直线度，在 1 m 长的测量长度上的允差为______ mm。

A．0.01　B．0.08　C．0.05　D．0.02

77．万能磨床床身纵向导轨在水平面内的直线度一般用______进行测量。

A．百分表　B．千分表　C．水平仪　D．自准直仪

78．万能磨床头架、尾座移置导轨对工作台移动的平行度超差，可修刮______。

A．工作台导轨面　B．工作台顶面

C．下工作台顶面　D．上工作台底面

79．检验万能磨床头架回转的主轴中心线的等高度时，头架应回转______。

A．90°　B．60°　C．45°　D．30°

80．万能磨床头架回转时主轴中心线的等高度超差，应对______进行修整。

A．头架底座上平面　B．头架底平面

C．工作台顶面　D．头架底座与工作台的连接面

81．万能磨床砂轮架主轴中心线与头架主轴中心线的等高度允差为______ mm。

A．0.3　B．0.2　C．0.1　D．0.05

82．用千分表测量万能磨床砂轮架快速引进重复定位精度时，误差以千分表读数值的______计。

A．算术平均值　B．差　C．最大差值　D．均方根

83．可用______检验龙门刨床工作台面对工作台移动的平行度。

A．水平仪　B．千分表　C．自准直仪　D．水准仪

84．由于龙门刨床工作台导轨供油______，造成工作台移动不稳定。

A．压力过高　B．压力过低　C．油量太大　D．油量太小

85．通过修整______，可恢复龙门刨床中央 T 形槽对工作台移动的平行度。

A．床身导轨　B．工作台导轨　C．T 形槽左侧面　D．T 形槽右侧面

86．龙门刨床横梁与立柱间的间隙大于______mm，将使横梁移动出现倾斜。

A．0.04　B．0.03　C．0.02　D．0.01

87．滚齿机后立柱相对于工作台的回转中心线误差______。

A．只许直或前倾　B．只许直或后倾　C．只许直　D．只许前倾

88．修刮______，可修整滚齿机刀架轴向移动对工作台回转中心线的平行度。

A．工作台顶面　B．立柱导轨面

C．工作台壳体导轨面　D．底座导轨面

89．在修复滚齿机刀架各面时，应以______为基准。

A．滑动导轨面　B．前、后轴承孔　C．定位端面　D．轴承座连接面

90．机床几何精度检查时，对于减小测量范围的公差值，应______按比例算出的公差值。

A．小于　B．等于　C．大于　D．稍大于

91．以机床几何精度公差与测量误差的______，作为检验时允许的测量结果的最大值。

A．和　B．平均值　C．差值　D．最大值

92．______的误差，在机床几何精度检查中可忽略不计。

A．块规　B．量棒　C．百分表　D．水平仪

93．在选择检验量具时，测量误差一般只占被测项目公差的______。

A．5%～10%　B．10%～20%　C．10%～25%　D．10%～30%

94．应将量具或检具在使用前______，以减小测量误差。

A．与被检验工件放在一起　B．进行恒温处理

C．单独放置　D．分类摆放

95．机床几何精度检查前，应先进行______，以使检查保持稳定。

A．外观检查　B．空运转　C．工作精度检查　D．调平

96．测量坐标定位精度的线纹尺要求______送检一次。

A．每半年　B．每两年　C．每季度　D．每年

97．标准器具修正值应______存放，以便使用时查找。

A．集中　B．随同标准器具　C．按器具分类　D．按使用点分类

98．用百分表测量时，压表值一般以______mm 左右为宜。

A．0.5　B．0.2　C．0.1　D．0.05

99．设备工作精度检查，必须在设备______后进行。

A．外观检查　B．几何精度检查　C．超负荷试验　D．空运转试验

100．卧式镗床精车端面的平面度为______，只许中凹。

A．0.02 mm/300 mm　B．0.04 mm/300 mm

C．0.05 mm/300 mm　D．0.10 mm/300 mm

101．卧式镗床镗杆走刀镗孔与工作台纵向走刀镗孔中心线的平行度超差，其主要原因是______。

A．主轴轴承损坏　B．主轴钢套磨损

C．工作台导轨松动　　D．主轴导向导轨磨损

102．由于______，使龙门刨床侧刀架加工试件垂直度超差。

A．工作台导轨直线度超差　　B．机床安装调整变形

C．立柱导轨直线度超差　D．侧刀架导轨精度超差

103．精密万能磨床以______作为工作精度试件。

A．45 钢不淬硬　B．45 钢淬硬　　C．35 钢不淬硬　　D．35 钢淬硬

104．精密万能磨床工作精度检查的工件要经过______个双行程的电火花行程。

A．5　　B．4　　C．3　　D．2

105．万能工具显微镜工作室的温度应控制在______以内。

A．(20 ± 1)℃　　B．(20 ± 2)℃　　C．(22 ± 1)℃　　D．(20 ± 0.5)℃

106．激光干涉仪是利用干涉原理和激光的______进行测量的。

A．单色性　　B．平面波性　　C．高稳定性　　D．不发散性

107．在设备修理中，可用激光干涉仪测量工作台移动的______。

A．平行度　　B．平面度　　C．垂直度　　D．直线度

108．在齿轮分度圆上，任意两个同侧齿面间实际弧长与公称弧长______称为齿距累积误差。

A．之差的最大绝对值　B．之差　C．之和的平均值　　D．之差的绝对值

109．三坐标测量机主滑架沿______轴移动。

A．x　　B．y　　C．z　　D．$x-y$

110．卧式车床超负荷试验时，溜板箱______不能自动脱开。

A．啮合齿轮　　B．脱落蜗杆　　C．齿轮齿条　　D．操作手柄

111．动平衡时，只需要在______个校正面上进行平衡校正。

A．4　　B．3　　C．2　　D．1

112．动平衡的两个校正面，应选择在工件______。

A．中部　　B．两端　　C．两端支承处　　D．两端支承附近

113．______是机械噪声的声源。

A．机械振动系统　　B．机械传动系统

C．液压传动系统　　D．电气传动系统

114．本底噪声是被测噪声源______周围环境噪声。

A．加上　　B．减去　　C．停止发声时的　　D．发声时的

115．超声波检测时，直探头可接收______，应用最为普遍。

A．斜波　　B．纵波　　C．横波　　D．表面波

116．在磁粉探伤时，试件表面有效磁场磁通密度达到试件材料饱和磁通密度的______。

A．50% ~ 60%　　B．60% ~ 70%　　C．70% ~ 80%　　D．80% ~ 90%

117．渗透法能检出的尺寸，一般深约______μm，宽约 1 μm。

A．20　　B．10　　C．5　　D．2

118．生产实习课经常运用______来组织教学。

A．示范法　　B．讲授法　　C．实习法　　D．现场实际操作法

119．班组质量管理活动选题应贯彻______的原则。

A．难易结合　B．先难后易　C．先易后难　D．难易并重

120．设备大修钳工组的修理任务是______性的。

A．辅助　B．后方　C．服务　D．生产

121．机修作业用量棒制造的工艺人员应该参加量棒的设计评价，并对量棒设计的______提出建议。

A．工艺性　B．可加工性　C．结构性能　D．结构特征

122．需保存供长期使用的量棒，必须编制______的加工工艺。

A．正规　B．完善　C．书面　D．正确

123．量棒的精度要求是设计人员根据______要求计算确定的。

A．使用　B．加工　C．检验　D．工艺

124．为了充分消除内应力，量棒制造工艺中应加入2~3次______。

A．正火　B．回火　C．退火　D．时效

125．长研磨棒的长度与直径之比在______以上。

A．5∶1　B．3∶1　C．2.5∶1　D．2∶1

126．研磨棒一般均采用材质均匀，无砂眼、气孔的______做成。

A．铸铁　B．铸造青铜　C．铸铝　D．轴承合金

127．研磨棒都是根据被研磨孔的实际尺寸______配制的。

A．预先　B．临时　C．对应　D．设计

128．一般精度要求的研磨棒，可在精度较高的______上加工而成。

A．磨床　B．精密磨床　C．车床　D．精密车床

129．机修专用工具设计必须实现预期的______。

A．使用要求　B．测量项目要求　C．工作要求　D．使用功能

130．功能是对设计产品的某一特定的______要求。

A．运行　B．使用　C．操作　D．工作

131．在______周期内，机修工具必须保持正常的工作状态。

A．正常工作　B．预定使用寿命　C．正常使用　D．预定工作

132．工具设计方案只有通过制造和装配才能实现设计人员的______。

A．图样要求　B．技术要求　C．设计意图　D．预定功能

133．______的机修工具会给操作人员带来快感。

A．结构精巧　B．使用轻便　C．结构紧凑　D．造型美观

134．设计工具时，必须进行成本分析，去除______。

A．多余功能　B．多余构件　C．多余质量　D．不必要的零部件

135．精密水准仪带有平行玻璃板测微读数，最小分划值可达______mm。

A．0.01　B．0.025　C．0.04　D．0.05

136．精密水准仪的水准尺镶嵌有______带尺。

A．不锈钢　B．铟钢　C．玻璃镜面　D．镍铬钢

137．转动______，可使水准仪的水准管达到水平位置。

A．微倾旋钮　B．测微轮　C．水平微动旋钮　D．物镜对光旋钮

138．水准仪的平行玻璃板可通过______进行旋转读数。

A．微倾旋钮　B．测微轮　C．水平微动旋钮　D．物镜对光旋钮

139．合像水平仪的粗读数可以通过______读取。

A．水准器　B．目镜　C．测微手轮　D．标尺指针

140．合像水平仪的测量范围比框式水平仪______。

A．小　B．大　C．略大　D．稍小

141．测量前，应检查合像水平仪的______是否正确。

A．示值　B．水平　C．零位　D．读数

142．合像水平仪杠杆放大部分的杠杆比为______。

A．15:1　B．10:1　C．8:1　D．5:1

143．光学平直仪是测量机床导轨______的常用仪器。

A．直线度　B．平直度　C．平行度　D．平面度

144．调整经纬仪的______手轮，将水准器校正至水平位置。

A．照准部微动　B．三角基座调平　C．换盘　D．换像

145．旋转______手轮，将经纬仪读数微分尺调至零分零秒。

A．照准部微动　B．换盘　C．测微器　D．换像

146．在零件图上用各种工艺符号表示铸造______，就是铸造工艺图。

A．工艺方法　B．造型浇注方法　C．浇注位置　D．工艺方案

147．______是将金属液引入铸型的一系列通道。

A．浇注系统　B．浇口　C．浇注通道　D．浇注位置

148．为使模样容易从铸型中取出，在平行于起模方向应留有______。

A．铸造圆角　B．加工余量　C．起模斜度　D．芯头与芯座

149．为使铸件符合尺寸要求，铸件尺寸上增加______是必需的。

A．加工余量　B．线收缩量　C．起模斜度　D．铸件公差

150．铸件未浇满，轮廓残缺的铸造缺陷称为______。

A．偏芯　B．歪斜　C．缩孔　D．浇不足

151．在零件图尺寸的基础上加上加工余量所得的尺寸称为锻件的______。

A．基本尺寸　B．锻造尺寸　C．锻件尺寸　D．毛坯尺寸

152．在锻件难以锻出的部位，为简化锻件外形所添加的金属体积称为______。

A．余量　B．余块　C．台阶　D．锻件公差

153．______是指锻件某一部分直径小于其邻接两部分直径的部分。

A．法兰　B．台阶　C．凹挡　D．凹坑

154．锻件表面有局部凹陷缺陷，称为______。

A．凹挡　B．未充满　C．尺寸不足　D．凹陷

155．______是指沿锻件轴向有细小长裂纹的缺陷。

A．发裂　B．端裂　C．夹杂　D．压伤

156．焊接时，熔液自底部漏出形成的穿孔缺陷称为______。

A．焊瘤　B．烧穿　C．未焊透　D．未熔合

157．龙门刨床采用______进行床身的安装与调整。

A．水准仪　B．经纬仪　C．水平仪　D．水平尺

158．登高梯子要符合安全要求，上下端放置牢靠，与地面夹角不应大于______。

A．30°　B．45°　C．50°　D．60°

159．毒物是指进入人体______后导致疾病、死亡的一切物质。

A．血液　B．呼吸道　C．消化道　D．器官

160．氮制冷机房内禁止抽烟，以免______。

A．污染工作环境　B．引起燃烧爆炸　C．引起火灾　D．产生刺激气味

161．不论是什么状态的物体，在______时都可以发声。

A．冲击振动　B．发生机械运动　C．相互碰撞　D．周期性位置变化

162．噪声对人体的危害程度与______有关。

A．频率和强度　B．噪声的特征　C．人体的承受能力　D．噪声的大小

163．外圆磨削时，由于砂轮圆周上有凹凸现象，使磨削工件表面出现______。

A．直波纹　B．螺旋线　C．横波纹　D．斜波纹

164．______是由外圆磨床砂轮架相对于工件头架—尾座系统有周期性振动引起的。

A．直波纹　B．螺旋线　C．横波纹　D．斜波纹

165．由于______，使外圆磨床磨削工件圆周呈鼓形或鞍形。

A．工件主轴轴承间隙过大　B．砂轮主轴轴承间隙过大

C．机床安装水平发生变化　D．砂轮静平衡精度不高

166．由于外圆磨床工件主轴轴承间隙过大，使磨削工件______超差。

A．表面粗糙度　B．圆度　C．圆柱度　D．同轴度

167．万能磨床内圆磨具轴承有间隙时，可按预加负荷要求______。

A．调整轴承　B．锁紧螺母　C．紧固主轴　D．配磨隔套

168．龙门刨床长期加工短工件，会使床身导轨______严重。

A．局部磨损　B．局部拉毛　C．负荷集中　D．局部变形

169．润滑油管堵塞，会使滚齿机刀架滑板移动时出现______。

A．振动　B．冲击　C．爬行　D．阻滞

170．由于滚齿机工件顶尖与工作台旋转中心不同心，造成滚齿的______。

A．基节误差　B．齿距累积误差　C．齿形误差　D．齿向偏差

171．由于______，使滚齿时齿形母线凹凸不平。

A．分度蜗杆副精度低　B．分度蜗轮安装误差大

C．工作台下压板间隙过大　D．分度蜗杆轴向窜动

172．两班制生产的设备，一年安排______次设备二级保养。

A．4　B．3　C．2　D．1

173．一般将大型设备的二级保养安排在______进行。

A．春、秋季　B．节假日　C．年初　D．年末

174．机床空运转在最高转速运转时间不得少于 30 min，主轴轴承达到稳定温度时，其温度不得超过______℃。

A．70　B．60　C．55　D．50

175．空运转时，机床应运转平稳，无冲击、振动和______噪声。

A．剧烈的　B．强烈的　C．周期性的　D．非正常的

176．______是富有直观性的教学形式。

A．讲授法　B．现场技术指导　C．示范操作　D．技能操作

177．直观教具、实物的演示，可使学生通过直观手段获得______认识。

A．直观　B．直接　C．理性　D．感性

178．指导操作训练的教学方法是培养和提高学生______的重要手段。

A．独立操作能力　B．基本操作能力

C．实际操作能力　D．正常操作能力

179．通过操作训练，可以使所学的知识扩大、加深和巩固，锻炼他们的______。

A．独立操作能力　B．基本操作能力

C．实际操作能力　D．正常操作能力

180．质量管理小组是由职工______，针对生产质量问题开展活动的组织。

A．自愿组织　B．自觉参加　C．由下而上组织　D．按班组组织

181．质量管理小组应针对______的有关质量问题开展活动。

A．企业生产中　B．车间生产中　C．班组生产中　D．个人生产中

182．质量管理小组要首先选择______的课题。

A．生产急需　B．质量问题突出　C．周围易见　D．经济效益好

183．质量活动课题要有______，这样便于检查效果。

A．数据结果　B．目标值　C．量值化结果　D．具体数据

184．产品质量问题______由设备故障单一因素造成的。

A．主要是　B．一般是　C．绝不是　D．并不是

185．机修钳工的设备维修工作性质和特点属于______生产管理。

A．基本型　B．辅助型　C．服务型　D．后方型

186．维修设备班组应有所管区域设备的______。

A．平面布置图　B．设备分类清单

C．设备单台档案　D．固定资产台账

187．设备大修班组必须按照______，保质保量地完成上级下达的各项设备修理和改造任务。

A．生产计划　B．指令修理周期

C．计划预修制度　D．生产车间要求

188．设备______是对设备修理计划进行监督、评价和指导的先进技术。

A．看板管理　B．因果图　C．网络计划　D．直方图

（三）**多项选择题**　下列每题的多个选项中，至少有2个是正确的，请将正确答案的代号填在横线空白处。

1．安全检查是为了防止______的发生。

A．伤亡事故　B．职业病　C．不安全操作　D．不安全行为

E．死亡事故

2．电工绝缘用具每次使用前必须检查外观，发现有______不准使用。

A．变质　B．粘连　C．漏气　D．龟裂　E．破裂

3．疏通堵塞的气焊焊枪的焊嘴时，应用______。

A．钢丝　B．铜丝　C．铁丝　D．竹签　E．棉签

4．______是机构按运动状态划分的主要构件。

A．静件　B．动件　C．合件　D．零件　E．部件

5．液压泵是提供一定______的液压能源泵。

A．流速　B．流向　C．功率　D．流量　E．压力

6．电气系统控制线路由______组成。

A．主回路　B．接触器　C．熔断器　D．继电器　E．控制回路

7．金属喷涂是利用______等热源，将喷涂材料熔化后，喷射到修复件表面的。

A．电加热　B．电感应　C．辐射　D．电弧　E．火焰

8．电镀是在金属表面形成金属镀层，用以______。

A．补偿零件磨损表面　B．减小表面摩擦系数　C．改善性能

D．得到美观的外表面　E．降低零件的表面粗糙度值

9．低温镀铁采用较大的电流密度，有利于提高镀层的______。

A．强度　B．硬度　C．致密度　D．附着力　E．耐磨性

10．修复后的零件必须保持足够的______，并不影响零件的使用寿命和性能。

A．强度　B．刚度　C．形状精度　D．耐磨性　E．尺寸允差

11．设备安装主要分为______安装。

A．简单设备　B．复杂设备　C．单台设备　D．流水线设备

E．数控设备

12．为了确保量棒尺寸的稳定性，______工序必须分开。

A．粗加工　B．精加工　C．热处理　D．车削　E．磨削

13．研磨棒在机修作业中常用于______的修复。

A．轴承孔　B．圆柱孔　C．配合面　D．圆锥孔　E．连接孔

14．按研磨棒的结构形式，可分为______。

A．长研磨棒　B．固定尺寸研磨棒　C．短研磨棒

D．可调节研磨棒　E．合金研磨棒

15．为了使设计的工具具有良好的工艺性，设计人员应具备丰富的______知识。

A．机械加工　B．制造　C．测量　D．装配　E．工具使用

16．精密水准仪的望远镜由______等主要零部件组成。

A．水平微动旋钮　B．微倾旋钮　C．目镜　D．物镜　E．测微器读数镜

17．合像水平仪的读数包括______。

A．粗读数　B．精读数　C．微读数　D．细读数　E．微分读数

18．光学平直仪由______组成。

A．光学平直仪本体　B．读数装置　C．瞄准装置　D．反射镜　E．物镜

19．光学平直仪可直接测量______。

A．水平面内的平行度　B．水平面内的直线度　C．垂直面内的平行度

D．垂直面内的直线度　E．两中心线的同轴度

20．可采用______对经纬仪安装水平进行调整。

A．水平度盘　B．垂直度盘　C．圆水准器　D．长水准器　E．望远镜

21．铸造时，通常用______使型芯在铸型中定位和固定。

A．芯头　　B．芯撑　　C．芯骨　　D．芯座　　E．芯架

22．______是铸件常见的孔眼缺陷。

A．气孔　　B．砂眼　　C．夹渣　　D．粘砂　　E．裂纹

23．为了保证桥式起重机安全运行，在提升和运行机构中设有______。

A．终点挡架　　B．安全挡铁　　C．限位开关　　D．过载保护　　E．安全撞块

24．高处作业的种类可以分为______。

A．一般高处作业　　B．特殊高处作业　　C．一级高处作业

D．特级高处作业　　E．二级高处作业

25．______，会使万能磨床磨削工件表面出现螺旋线。

A．砂轮主轴与轴承之间间隙过大　　B．砂轮修整不良

C．磨头电动机振动　　D．机床安装水平超差

E．工件主轴与轴承之间间隙过大

26．外圆磨削出现直波纹，是由______造成的。

A．砂轮主轴与轴承之间间隙过大　B．砂轮法兰盘配合松动

C．砂轮修整不良　　D．磨头电动机振动　　E．床身导轨局部磨损

27．由于______，使磨削工件圆度超差。

A．工件主轴松动　　B．顶尖尾锥松动　　C．尾座套松动

D．顶尖磨损　　E．砂轮主轴松动

28．磨削工件内孔出现鱼鳞纹，一般是由______造成的。

A．砂轮轴径向圆跳动大　　B．轴承有间隙　　C．工件主轴松动

D．工件材料硬度不均匀　　E．夹持工件松动

29．龙门刨床床身导轨严重磨损的主要原因是______。

A．工作台齿条啮合不良　B．地基刚度不足　　C．长期加工短工件

D．工作台润滑系统缺油　E．长期大负荷工作

30．发现龙门刨床工作台运动不稳定，应从______查找原因。

A．床身导轨局部磨损　B．润滑油压力过高　　C．地基刚性差

D．工作台齿条与斜齿轮啮合不良　E．机床安装时未调平

31．由于______，会使龙门刨床横梁移动时与工作台上平面的平行度超差。

A．横梁夹紧装置夹紧面接触不良　　B．两根升降丝杠磨损量不一致

C．横梁夹紧装置未完全夹紧　　D．两根升降丝杠副间隙太大

E．升降螺母严重磨损

32．龙门刨床精刨工件表面粗糙度值过大，其主要原因是______。

A．进给量不均匀　　B．进给丝杠磨损　　C．刀座间隙过大

D．刀夹锥销松动　　E．工作台移动速度过高

33．滚齿机______，会使刀架滑板升降时产生爬行。

A．垂直导轨变形　　B．润滑油管阻塞　　C．丝杠轴向窜动

D．螺母磨损　E．交换齿轮间隙过大

34．由于______，使滚齿机工作时噪声增大。

A．传动齿轮精度低　　B．切削用量选用不当　　C．刀架滑板松动

D．升降螺母磨损　　E．垂直丝杠间隙大

35．滚齿机加工齿轮时齿圈跳动超差，排除的方法为______。

A．减小分度蜗杆副的间隙　　B．提高分度蜗轮精度　　C．找正工作台顶尖中心

D．提高顶尖及工件中心孔的制造质量　　E．减小交换齿轮传动间隙

36．由于______，造成滚齿时齿轮公法线长度变动量超差。

A．分度蜗杆副精度低　　B．分度蜗轮安装偏置　　C．分度蜗杆副间隙过大

D．滚刀架滑板松动　　E．丝杠窜动大

37．滚齿时，齿形母线凹凸不平，其排除的方法为______。

A．调整工作台下压板的间隙　　B．调整刀具主轴的轴向间隙

C．调整分度蜗杆的轴向间隙　　D．调整交换齿轮的传动间隙

E．调整垂直进给丝杠副的间隙

38．滚齿时，齿轮基节超差的原因是______。

A．齿坯安装偏心　　B．分度蜗轮误差大　　C．分度蜗杆松动

D．升降丝杠松动　　E．工作台下压板间隙大

39．使滚齿时齿轮齿向误差超差的原因有______。

A．分度蜗轮误差大　　B．丝杠松动　　C．滚刀架移动方向与工件中心线不平行

D．夹具制造、安装精度低　　E．分度蜗杆副间隙大

40．滚齿时，齿轮齿面有撕裂纹，其主要原因是______。

A．工件安装松动　　B．滚刀架移动时爬行　　C．齿坯材料硬度不均匀

D．滚刀磨钝　　E．升降丝杠副松动

41．由于______，使滚齿时齿面出现啃齿痕。

A．垂直丝杠液压缸压力过低　　B．滚刀架斜铁松动　　C．齿轮副间隙大

D．垂直丝杠副间隙太大　　E．分度蜗杆副间隙太大

42．滚齿时，齿面出现平行于齿轮中心线的波纹，主要原因是______。

A．垂直丝杠副间隙过大　　B．滚刀在刀轴上安装时圆跳动太大

C．滚刀架移动时爬行　　D．蜗轮磨损　　E．滚刀心轴尾部支承间隙太大

43．由于______，使滚齿时齿面出现横波纹。

A．滚刀架与立柱间斜铁太松　　B．分度蜗杆副间隙太大

C．工作台圆锥形导轨副配合过紧　　D．滚刀在刀轴上安装时圆跳动太大

E．分度交换齿轮间隙大

44．滚齿时，齿面出现斜波纹，其排除方法是______。

A．减小分度蜗杆副的间隙量　　B．减小滚刀在刀轴上的跳动量

C．提高滚齿机差动装置的装配精度　　D．选用齿数较多的滚刀

E．减小分度交换齿轮的间隙

45．因为______，使滚齿时齿面出现鱼鳞纹。

A．滚刀架移动时爬行　　B．冷却液的冷却效果不佳　　C．滚刀磨钝

D．升降丝杠副间隙大　　E．滚刀在刀轴上安装时圆跳动太大

46．液压油混入空气的原因是______。

A．油管接头松动　　B．密封纸垫破裂　　C．放气阀未开启

D．背压调得过高　　E．系统管路过长

47．液压系统驱动刚性差的原因是______。

A．液压泵选得太小　　B．空气混入液压系统　　C．驱动的负荷量太大

D．液压泵内的零件严重磨损　　E．系统管路过长

48．因为______，使液压系统压力损耗加大。

A．油缸中心线与工作台移动方向不平行　　B．机床斜铁压板调得太紧

C．油管太长、弯曲太多　　D．管道长期未清洗，造成堵塞

E．空气混入系统

49．液压系统机械损耗大，引起液压油发热的原因是______。

A．油缸安装不正　　B．油缸密封过紧　　C．压力调得太高

D．油的黏度太大　　E．系统管路过长

50．______是造成液压冲击的主要原因。

A．系统压力过高　　B．油缸密封过紧　　C．节流缓冲装置失灵

D．换向阀锥角太小　　E．液压系统管路过长

51．液压系统节流缓冲装置失灵的主要原因有______。

A．背压阀调节不当　　B．换向阀锥角太小　　C．换向移动太快

D．阀芯严重磨损　　E．系统压力调得太高

52．______是万能磨床工作台慢速爬行的主要原因。

A．系统中混入空气　　B．系统压力太低　　C．背压太高

D．液压油黏度大　　E．液压油变质

53．由于______，使万能磨床换向精度差。

A．工作台润滑油量太多　　B．油缸两端油封调得太紧

C．工作台导轨严重缺油　　D．床身地基严重变形　　E．液压油变质

54．万能磨床换向迟缓的主要原因是______。

A．工作台导轨严重缺油　　B．床身地基严重变形　　C．导轨润滑油量过大

D．换向阀两端的节流阀调整不当　　E．系统压力调得太低

55．万能磨床换向时出现死点，是由______等原因造成的。

A．系统压力过低　　B．减压阀阻尼孔堵塞　　C．换向阀两端的节流阀开口太小

D．系统泄漏严重　　E．液压油太脏

56．由于______，使液压牛头刨床的油温过高。

A．内泄漏大　　B．系统压力过高　　C．工作负荷过大

D．油池油面过低　　E．液压油太脏

57．液压牛头刨床换向冲击大的主要原因有______。

A．球形阀压力调得过高　　B．系统中进入空气　　C．液压油太脏

D．针形阀调整不当　　E．阻力阀压力调整不当

58．液压牛头刨床在低速时出现爬行现象，是由______造成的。

A．系统压力过低　　B．系统中进入空气　　C．滑枕导轨磨损

D．导板调整过紧　　E．液压油变质

59．液压牛头刨床滑枕不能迅速停车的原因是______。

A．系统压力过高　B．导板调整过松　C．制动阀堵塞

D．溢流阀卡死　E．滑枕移动速度过高

60．______是液压牛头刨床不能迅速启动的主要原因。

A．溢流阀阻尼孔被杂物堵塞　B．溢流阀阀芯被杂物堵塞

C．活塞杆密封环调整过紧　D．滑枕导轨调整过紧或润滑不良

E．系统压力调整不当

61．由于______，使液压牛头刨床滑枕不能换向。

A．溢流阀阻尼孔被杂物堵塞　B．球形阀压力未调到规定值

C．针形阀开口量小　D．活塞杆密封环调整过紧

E．系统压力调整不当

62．液压牛头刨床工作台不能进刀或进刀不均匀的原因是______。

A．阻力阀压力调得过低　B．超越离合器磨损　C．针形阀开口量小

D．球形阀压力未调到规定值　E．系统压力调整不当

63．精密万能磨床节流阀关闭后，由于______，工作台仍会慢速运动。

A．液压缓冲装置失灵　B．液压系统中进入空气

C．节流阀阀芯配合间隙过大　D．工作台驱动油路有渗漏

E．工作台润滑压力过高

64．由于______，使精密万能磨床工作台换向时，砂轮架出现微量抖动。

A．系统压力过高　B．液压缓冲失灵　C．系统中混入空气

D．阀芯间隙过大　E．液压油变质

65．精密万能磨床工作台换向时出现不稳定的主要原因是______。

A．系统压力过高　B．节流阀调整不当　C．液压油太脏

D．系统内混入空气　E．先导阀回油开口量太小

66．由于______，使精密万能磨床慢速移动时出现爬行。

A．液压系统中混入空气　B．工作台导轨润滑不良　C．工作压力调得太低

D．液压泵吸油滤网堵塞　E．液压油脏或变质

67．精密万能磨床工作台换向时发生冲击的主要原因是______。

A．液压系统中混入空气　B．工作台润滑油量过大　C．缓冲装置失灵

D．换向速度太快　E．工作压力调得过高

68．卧式车床二级保养时，应检查床身导轨面，要求表面______。

A．光滑无毛刺　B．光滑无锈蚀　C．无拉毛　D．无凹坑　E．无磕碰

69．精密机床的______取决于精密零件的制造和装配精度。

A．性能　B．加工精度　C．切削力　D．刚度　E．使用寿命

70．修复大型机械零件时，不能降低零件的______。

A．强度　B．精度　C．使用寿命　D．表面硬度　E．刚度

71．修复曲轴时，应先做超声波探伤，检查______处的表面裂纹和内部缺陷。

A．轴颈　B．过渡圆角　C．轴端　D．曲拐　E．连接法兰

72．制造精密零件的材料要有良好的______。

A．热处理性能　　B．尺寸稳定性　　C．力学性能

D．加工性能　　E．化学性能

73．热处理性能显著改变金属的______。

A．力学性能　　B．物理性能　　C．化学性能

D．加工性能　　E．尺寸稳定性

74．______属于放电加工的属性。

A．电解加工　　B．电火花加工　　C．线切割加工

D．电化学加工　　E．激光切割加工

75．电接触加热是利用______将工业用电的电压降至 2 ~ 3 V，电流可达 600 ~ 800 A。

A．调压器　　B．阻抗器　　C．电容器　　D．变压器　　E．整流器

76．点接触淬火常用的电极材料是______。

A．耐热钢　　B．电工钢　　C．铜　　D．石墨　　E．铝

77．以维修人员为主、操作人员配合对设备进行部分______，称为设备二级保养。

A．检查　　B．修理　　C．换油　　D．擦拭　　E．清洗

78．机床运转时，各润滑点应保证得到______的润滑油。

A．合格品牌　　B．连续　　C．干净　　D．足够数量　　E．黏度合适

79．设备电动机不能启动的主要原因是______。

A．电网电压过低　　B．未接地　　C．电动机过载

D．接线脱落　　E．相位反接

80．______造成设备电动机过热。

A．电网电压过低　　B．缺相运行　　C．电网电压过高

D．外壳带电　　E．未接地

81．由于______，造成电动机外壳带电。

A．缺相运行　　B．相线触及外壳　　C．接地线脱落

D．严重过载运行　　E．相位接反

82．电磁离合器铁心吸合时产生振动的原因是______。

A．线圈电压不足　　B．接线线头脱落　　C．严重过载运行

D．铁心接触不良　　E．铁心卡死

83．______是造成电磁离合器送电后衔铁不动作的主要原因。

A．线圈电压不足　　B．严重过载运行　　C．接线线头脱落

D．衔铁行程过大　　E．铁心接触不良

84．热继电器主要用于电动机的______及电流不平衡的保护。

A．过载保护　　B．断相保护　　C．短路保护

D．过电流保护　　E．过热保护

85．产生接触开关触点过热或灼伤的原因是______。

A．网路电流过大　　B．网路电压过高　　C．触点有油污

D．弹簧压力过小　　E．接触开关启动频繁

86．由于触点______，使接触开关的触点熔焊。

A．弹簧压力过小　　B．断开容量不够　　C．超行程太小

D．有油污　　E．接触开关启动频繁

87．接触开关衔铁吸不上是由______造成的。

A．网路电压过低　　B．线圈断线　　C．衔铁歪斜

D．衔铁接触不良　　E．衔铁有油污

88．______是继电器热元件烧断的主要原因。

A．负载侧短路　　B．负载电流过大　　C．接线线头脱落

D．操作频率过高　　E．网路电压过高

89．热继电器不动作的原因是______。

A．额定电流值选用不合适　　B．动作触头接触不良　　C．热元件烧断

D．网路电压过低　　E．动作过于频繁

90．由于______，使热继电器动作不稳定。

A．动作触头接触不良　　B．动作机构卡阻　　C．网路电压过低

D．内部某些部件松动　　E．通电电流波动太大

91．______是热继电器动作太快的原因。

A．内部部件松动　　B．整定值偏小　　C．操作频率过高

D．负载电流过大　　E．网路电压过高

92．时间继电器的主要故障形式是______。

A．动作延时缩短　　B．动作延时变长　　C．动作延时不稳

D．不延时　　E．延时值与表示值不符

93．速度继电器反接制动时，由于______，导致电动机停车时不能制动。

A．操作频率过高　　B．触头接触不良　　C．网路电压过高

D．触头不动作　　E．电动机相位接错

94．万能磨床床身纵向导轨的直线度在______进行测量。

A．V形导轨上　　B．平导轨上　　C．垂直平面内

D．水平平面内　　E．纵向平面内

95．应在______上测量万能磨床头架、尾座移置导轨对工作台移动的平行度。

A．200 mm长度　B．300 mm长度　　C．400 mm长度

D．500 mm长度　　E．全长

96．影响万能磨床砂轮架快速引进重复定位精度的原因是______。

A．快速引进机构装配精度差　　B．砂轮架导轨直线度差

C．送进油缸液压压力太低　　D．送进丝杠副传动间隙过大

E．液压泵流量太小

97．龙门刨床工作台面对工作台移动的平行度在______上进行测量。

A．每1 000 mm长度　　B．每500 mm长度　　C．每200 mm长度

D．导轨全长　　E．任意长度

98．当发现滚齿机刀架轴向移动对工作台回转中心线的平行度超差时，可修刮______。

A．工作台上平面　　B．床身导轨面　　C．工作台壳体导轨面

D．立柱底面　　E．滚刀架轴承孔

99．测量中，______可以忽略不计。

A．块规误差　　B．计量室测量误差　　C．仪器误差

D．测量基准面误差　　E．环境温度对测量值的影响

100．减小或消除温度引起的机床测量误差的主要方法有______。

A．转移至恒温间进行测量　　B．防止阳光直接照射到机床上

C．尽量缩短检查延续时间　　D．采用精密度高的检测仪器

E．采用多次测量的平均值

101．在机床几何精度检查前，应先进行______。

A．机床试运转　　B．各项性能试验　　C．外观质量检查

D．工作负荷试验　　E．安装精度检查

102．机床几何精度检查一般是在______状态下进行。

A．动态　　B．静态　　C．工作　　D．空载　　E．负载

103．测量器具内在误差主要有原理误差、阿贝误差及______。

A．温度误差　　B．制造与装调误差　　C．校准误差

D．读数方式误差　　E．仪器结构误差

104．测量器具的读数方式误差由______和估读误差组成。

A．对准误差　　B．视差　　C．修正值误差　　D．装调误差　　E．校正值误差

105．测量方法误差主要有______。

A．对准误差　　B．校正值误差　　C．间接测量误差

D．测量力误差　　E．视差

106．由被测工件测量基面的______造成的误差，称为定位安装方法误差。

A．定位　　B．安装方式　　C．找正　　D．对准　　E．装调方式

107．由测量者的素质和______形成了测量人员误差。

A．文化水平　　B．业务水平　　C．责任心

D．业务熟悉程度　　E．文化程度

108．设备的工作精度检查，必须在设备______完成后进行。

A．外观检查　　B．几何精度检查　　C．空运转试验

D．负荷试验　　E．超负荷试验

109．设备工作精度检查反映了______设备的几何精度。

A．静态　　B．动态　　C．工作状态　　D．空载　　E．负载

110．设备工作精度反映了设备工作运动中______的失效情况。

A．机床　　B．加工工件　　C．传动元件　　D．刀具　　E．夹具

111．在卧式镗床平旋盘径向滑板上装刀，工作台做纵向运动，精镗直径为 ϕ 300 mm 外圆的圆度超差的原因是______。

A．径向滑板燕尾导轨接触不好　　B．平旋盘回转精度差

C．工作台纵向导轨直线度差　　D．床鞍纵向导轨直线度差

E．平旋盘轴承松动

112．当在卧式镗床平旋盘径向滑板上装刀加工外圆的圆度超差时，应______。

A．修复工作台纵向导轨的直线度精度　　B．修复床鞍纵向导轨的直线度精度

C．调整平旋盘滑板斜铁　　D．调整平旋盘轴承或更换新轴承

E．重新调紧平旋盘主轴轴承

113．由于______，使卧式镗床平旋盘滑板走刀精车端面的平面度超差。

A．平旋盘回转精度差　B．滑板平导轨平面度超差

C．平旋盘平导轨与旋转中心不垂直　D．平旋盘轴承松动

E．平旋盘滑板松动

114．卧式镗床平旋盘滑板走刀精车端面平面度超差，应______。

A．修刮滑板底面　B．更换新轴承　C．调整回转精度

D．调整平导轨　E．调整轴承间隙

115．卧式镗床主轴走刀镗孔的圆度、圆柱度超差的原因是______。

A．主轴径向圆跳动、轴向窜动超差　B．主轴镗杆、轴套磨损

C．主轴箱尾导轨磨损　D．主轴轴承磨损　E．镗杆后支承磨损

116．卧式镗床主轴走刀镗孔的圆度、圆柱度超差，应______。

A．修复后支承　B．修复尾导轨　C．调整轴承间隙

D．修复镗杆轴套　E．修复主轴轴承

117．由于______，使卧式镗床精镗两孔的中心线平行度超差。

A．床身导轨扭曲　B．立柱导轨磨损　C．主轴轴承松动

D．立柱安装倾斜　E．主轴轴承磨损

118．卧式镗床精镗两孔的中心线平行度超差，应______。

A．调整主轴轴承　B．修复床身导轨　C．修复立柱导轨

D．修刮立柱底面　E．更换新主轴轴承

119．镗床主轴箱走刀铣槽与工作台走刀铣槽垂直度超差的原因是______。

A．主轴箱导轨磨损　B．工作台下导轨磨损

C．立柱导轨面与主轴中心线不垂直　D．工作台下滑座上、下导轨不垂直

E．床身导轨磨损

120．卧式镗床主轴箱走刀铣槽与工作台走刀铣槽垂直度超差，应______。

A．修复立柱导轨面与主轴中心线的垂直度

B．修复工作台下滑座上、下导轨的垂直度

C．修复主轴箱导轨的直线度

D．修复工作台下导轨的直线度

E．修复床身导轨

121．龙门刨床刨削平行试件时，等厚度超差的原因是______。

A．工作台移动不平稳　B．床身导轨扭曲　C．刀架未夹紧

D．机床安装基础变形　E．床身导轨的直线度精度低

122．龙门刨床刨削平行试件等厚度超差，应______。

A．修复床身导轨的直线度精度　B．调整工作台齿条的啮合状态

C．修复床身导轨的平行度精度　D．重新调整机床安装精度

E．重新修整刀架座配合间隙

123．精密万能磨床磨削长工件圆度超差的原因是______。

A．工件中心孔不合格　B．头架和尾座锥孔中心线不同轴

C．工件主轴的轴承松动　D．尾座套筒外圆磨损　E．床身导轨磨损

124．精密万能磨床磨削短轴圆度超差的原因是______。

A．主轴轴承松动　B．砂轮主轴倾斜　C．卡爪接触不良

D．拨盘跳动量大　E．主轴轴承磨损

125．精密万能磨床磨削长轴时，由于______，使长轴圆柱度超差。

A．床身导轨水平面内的直线度超差　B．工件顶尖顶得太紧或太松

C．工件中心孔不合格　D．工件主轴轴承松动　E．工件主轴轴承磨损

126．由于______，使精密万能磨床磨削内圆的圆度超差。

A．床身导轨局部磨损　B．工件与卡爪接触不好

C．内圆磨具径向圆跳动大　D．内圆磨具中心线与工作台中心线不平行

E．内圆磨具安装松动

127．精密万能磨床磨削内孔圆度超差，应______。

A．修复床身导轨精度　B．调整内圆磨具中心线与工作台平行度

C．调整或更换内圆磨具轴承　D．重新修磨卡爪

E．重新紧固内圆磨具的连接面

128．万能工具显微镜主要用来测量机械工具及零件的______。

A．长度尺寸　B．几何形状　C．表面质量　D．外观形状

E．表面粗糙度

129．用于测量长度的激光干涉仪包括______及直线反射镜等部分。

A．激光发射器　B．激光接收器　C．激光头　D．干涉仪　E．读数头

130．万能测齿仪是测量齿轮______的精密量仪。

A．齿形误差　B．传动误差　C．齿向偏差　D．固定弦齿厚

E．公法线长度误差

131．三坐标测量机的测量过程是______。

A．建立坐标　B．采点　C．找正　D．数据处理　E．数据显示

132．金属切削机床的过载试验应按不同的______严格执行试验规范。

A．设备　B．切削规范　C．功率　D．加工条件　E．加工要求

133．动平衡机驱动系统的主要形式有______。

A．齿轮驱动　B．链驱动　C．万向节驱动　D．围带驱动

E．直联驱动

134．动平衡操作可采用______进行工件的动平衡。

A．配重　B．去重　C．调整中心　D．加重　E．减重

135．动平衡的平衡精度表示方法有______。

A．不平衡量　B．剩余不平衡力矩　C．偏心速度

D．质量中心位置　E．重心位置偏置量

136．机械噪声可以分为______和固体噪声。

A．空气噪声　B．气体噪声　C．水中噪声

D．液体噪声　E．气流噪声

137．测量噪声的声级计可分为______。

A．通用声级计　B．普通声级计　C．精密声级计

D．工业用声级计　E．特殊作业声级计

138．测量噪声时，应避免______的影响。

A．本底噪声　B．反射声波及气流　C．环境温度

D．仪器本身误差　E．环境噪声

139．大气压强、______等对噪声测量也有影响。

A．温度　B．湿度　C．风力　D．风向　E．风速

140．所谓无损检测技术，是指在______被测物体的前提下完成对物体的检测与评价。

A．不修理　B．不改变　C．不妨碍　D．不接触　E．不损坏

141．超声波检测探头主要有______。

A．直探头　B．斜探头　C．竖测头　D．平探头　E．横探头

142．超声波脉冲反射法可以分为______。

A．水平线检测　B．横向检测　C．垂直线检测　D．斜角检测

E．竖向检测

143．超声波检测方法有______及共振法等多种方法。

A．脉冲反射法　B．表面波法　C．穿透法　D．板波法　E．纵波法

144．磁粉探伤时，应根据______选定磁化方法。

A．试件材料　B．试件尺寸　C．缺陷特性　D．试件形状

E．试件结构

145．______是磁粉探伤施加磁粉的方法。

A．连续法　B．剩磁法　C．紫外线照射法　D．自然光法

E．荧光法

146．渗透检测法的渗透时间取决于______及缺陷种类与大小。

A．预处理质量　B．渗透方法　C．渗透剂　D．试件材料

E．被测工件材料

147．生产实习的教学方法有______和指导操作训练法。

A．讲授法　B．示范操作法　C．现场演示　D．实习操作

E．实习讲评

148．应用______进行实际操作训练，是生产实习教学的基本方法。

A．讲授　B．演示　C．讲评　D．基础知识　E．专业理论知识

149．设备修理班组的质量管理活动要坚持开好______。

A．每日班前会　B．每周总结讲评会　C．质量调查会

D．质量分析会　E．质量发布会

150．设备修理网络计划是对修理计划进行______和指导的技术。

A．策划　B．监督　C．检查　D．评价　E．总结

151．网络图由______和路线组成。

A．作业　B．项目　C．费用　D．时间　E．工期

152．修理计划常用的网络计划是“横道图”，它明显地指出了生产任务的______。

A．修理进度　B．修理工期　C．关键路线　D．关键结点　E．修理费用

三、技能试题

第一题　生产现场安全检查

1．内容及操作要求

（1）机修钳工劳动保护用品的正确穿戴。

（2）机修作业的安全操作。

（3）特殊环境（如水下、高处、高温、低温、尘毒等）作业的安全和防护。

（4）相关工种（如电工、管道工、焊工、起重工等）作业的安全和防护。

2．准备工作

（1）文件资料准备　国家安全、劳动保护法规；企业安全生产标准、规定；机修钳工安全操作规程；特殊工种安全操作规程；安全生产检查表；不安全项目整改通知单。

（2）设备、工具准备　安全帽、安全监督袖标、安全检查员胸章；特殊工种或特殊作业环境作业用的安全防护用品（视检查环境而定，如电工绝缘鞋、高处作业安全带、水下作业潜水衣、尘毒作业防毒面具等）。

3．考核时限

（1）基本时间　准备时间 30 min，正式操作时间 150 min（包括填写安全生产检查表、不安全项目整改通知单 30 min）。

（2）时间允差　正式检查时间统一开始、统一结束；填写安全生产检查表及不安全项目整改通知单时间每超出基本时间 5 min，从总分中扣除 1 分，不足 5 min 按 5 min 计，超过 20 min终止考核。

4．评分项目及标准（见表Ⅲ—2）

表Ⅲ—2

序号	评分要素	配分	评分标准
1	劳动防护用品穿戴正确	20	穿戴错误而未检查出 1 项扣 5 分
2	按安全操作规程进行操作	20	错误操作而未检查出 1 项扣 5 分
3	熟悉相关工种的安全操作规程	20	现场提问，1 项答不出来扣 5 分
4	对现场不安全因素及时发现并纠正	20	发现并得以纠正 1 项得 5 分，最高得 25 分
5	填写安全生产检查表及不安全项目整改通知单	20	定级准确、分析清晰，有 1 项错误扣 5 分

第二题　刷镀修复金属零件轴承孔

1．内容及操作要求

（1）正确进行刷镀表面预处理操作。

（2）工件刷镀面积及镀层厚度的计算及确定。

(3) 工具和辅具准备及确定刷镀工艺参数。

(4) 正确选用刷镀液及计算镀液的需要量。

(5) 刷镀操作。

(6) 镀层沉积厚度的确认。

(7) 工件刷镀后处置。

2. 准备工作

(1) 材料准备　刷镀修复轴承座 1 件，材料为铸铁，内孔直径约为 100 mm，表面粗糙度小于 R_a 6.3 μm，电净液 TGY—1，活化液 THY—2、THY—3，刷镀液 TDY101、TDY102，防锈涂液（防锈油），清洗用丙酮。

(2) 设备、工具准备　自来水水源、专用刷镀电源 TDX—150、CY60 × 30 型石墨阳极、TDBⅠ（Ⅱ）型导电柄、TD 型套管、橡皮筋组成的刷镀笔、油石及金相砂纸、涤纶胶纸、100 ~ 150 mm 外径千分尺、50 ~ 160 mm 内径百分表、塑料杯、塑料盘、塑料挤压瓶、毛刷、钢丝刷、医用纱布。

3. 考核时限

(1) 基本时间　刷镀前准备时间 60 min，正式操作时间按刷镀层厚度进行计算确定，刷镀后处理时间 15 min。

(2) 时间允差　每超出基本时间 10 min，从总分中扣除 1 分，不足 10 min 按 10 min 计，超过 40 min 终止考核。

4. 评分项目及标准（见表Ⅲ—3）

表Ⅲ—3

序号	评分要素	配分	评分标准
1	正确进行刷镀表面预处理	15	未采用电净液 TGY—1 时扣 3 分 未进行第一次自来水冲洗扣 3 分 未采用 THY—2 进行一次活化处理扣 3 分 未采用 THY—3 进行二次活化处理扣 3 分 未进行最后自来水冲洗干净扣 3 分
2	正确测量并计算工件刷镀面积及镀层厚度	10	刷镀面积计算错误扣 5 分 刷镀厚度测量、计算错误扣 5 分
3	工具、辅具准备及正确确定刷镀工艺参数	14	正确准备刷镀工具、辅具，错误 1 项扣 1 分，总分 6 分 错误确定工艺参数 1 项扣 2 分，总分 8 分
4	正确选用刷镀液及计算刷镀液需要量	16	选用刷镀液错误 1 项扣 4 分，总分 8 分 计算刷镀液需要量 1 种错误扣 4 分，总分 8 分
5	刷镀操作	15	操作应准确无误
6	镀层沉积厚度的确认	20	刷镀层不均匀性每差 0.01 mm 扣 2 分，总分 10 分 刷镀厚度与计算厚度每差 0.01 mm 扣 2 分，总分 10 分
7	工件刷镀后处置	10	未用防锈水清洗扣 5 分 未涂防锈油扣 5 分

第三题　CA6140 卧式车床大修理工艺中整机拆卸程序的制订

1．内容及操作要求

(1) 正确地将整机划分为若干部件。

(2) 确定在拆卸前应检测的项目、检测方法以及应使用的检测工具。

(3) 确定机床零部件拆卸顺序。

(4) 确定机床拆卸时应使用的工具、吊具和起重设备。

(5) 正确选用零部件拆卸后的存放要求、存放方法及器具。

2．准备工作

(1) 文件资料准备　CA6140 卧式车床说明书、图册、验收标准；机床修理用工具图册、大修工具库库存工具目录。

(2) 设备、工具准备　CA6140 卧式车床 1 台；2 m 钢卷尺、游标卡尺、300 mm 钢板尺各 1 支；钳工常用工具 1 套。

3．考核时限

(1) 基本时间　准备及熟悉设备、资料时间 240 min，正式编制拆卸程序时间 120 min。

(2) 时间允差　正式编制拆卸程序每超出基本时间 5 min，从总分中扣除 1 分，不足 5 min 按 5 min计，超过 20 min 终止考核；准备及熟悉设备统一开始、统一结束，不得延长时间。

4．评分项目及标准（见表Ⅲ—4）

表Ⅲ—4

序号	评分要素	配分	评分标准
1	将整机划分为若干部件	20	划分错误 1 项扣 5 分
2	确定拆卸前检测的项目、检测方法及检测工具	24	确定检测项目遗漏或错误 1 项扣 2 分，总分 8 分 确定检测方法遗漏或错误 1 项扣 2 分，总分 8 分 确定检测工具遗漏或错误 1 项扣 2 分，总分 8 分
3	确定机床零部件的拆卸顺序	20	确定时出现错误或遗漏 1 项扣 5 分
4	确定拆卸时应使用的工具、吊具和起重设备	20	每遗漏 1 种扣 3 分，总分 12 分 每错用 1 种扣 2 分，总分 8 分
5	确定零部件拆卸后的存放要求、存放方法及器具	16	确定存放要求遗漏及错误 1 项扣 2 分，总分 10 分 确定存放方法及器具遗漏及错误 1 项扣 2 分，总分 6 分

第四题　万能外圆磨床几何精度“检验 12：头架回转时主轴中心线的等高度”专用检验棒的设计与制作

1．内容及操作要求

(1) 选定几何精度检验方法及所用测量工具。

(2) 设计专用量棒。

(3) 正确制订量棒的制作工艺方案。

2．准备工作

(1) 文件资料准备　M120W 万能外圆磨床说明书、图册、验收标准；量棒标准图册；机械设计手册。

(2) 设备、工具准备　M120W 万能外圆磨床 1 台；2 m 钢卷尺、游标卡尺、300 mm 钢板尺各一支；钳工常用工具一套。

3．考核时限

(1) 基本时间　准备及熟悉设备、资料时间 60 min，正式操作时间 180 min。

(2) 时间允差　准备及熟悉设备统一开始、统一结束，正式操作每超出基本时间 10 min，从总分中扣除 1 分，不足 10 min 按 10 min 计，超过 40 min 终止考核。

4．评分项目及标准（见表Ⅲ—5）

表Ⅲ—5

序号	评分要素	配分	评分标准
1	正确选择检验方法及测量工具	20	检验方法确定正确得 10 分，出现错误扣 4 分，出现原则性错误不得分 选择测量工具错误 1 项扣 5 分，总分 10 分
2	专用量棒设计	48	量棒外形设计总分 8 分，设计错误 1 项扣 2 分 量棒尺寸及公差标注总分 8 分，遗漏及标注错误 1 项扣 2 分 量棒形位公差标注总分 8 分，遗漏及标注错误 1 项扣 2 分 量棒表面粗糙度标注总分 8 分，遗漏及标注错误 1 项扣 2 分 量棒材料确定总分 8 分，选用不当扣 4 分，出现原则性错误不得分 选用热处理规范错误扣 4 分，出现原则性错误扣 8 分
3	正确制订量棒的制作工艺方案	32	正确确定工艺顺序得 8 分，错、漏 1 项扣 2 分，出现原则性错误 1 项扣 4 分 正确选用加工设备得 8 分，错、漏 1 种扣 2 分，原则性错误 1 项扣 4 分 加工余量分配合理得 8 分，错误 1 项扣 2 分 热处理工序安排合理得 8 分，错、漏 1 项扣 2 分，原则性错误 1 项扣 4 分

第五题　用光学平直仪测量精密万能外圆磨床床身 V 形导轨的直线度

1．内容及操作要求

(1) 正确安装及调整光学平直仪。

(2) 会使用光学平直仪测量 V 形导轨在水平平面及垂直平面内的直线度。

(3) 会在坐标纸上用做图法分别绘出导轨在水平平面及垂直平面内的直线度误差曲线。

(4) 会用计算法列表计算出导轨在水平平面及垂直平面内的直线度误差值。

(5) 对导轨水平平面及垂直平面的直线度误差值进行综合数据分析，指出要修复这条导轨的直线度时应如何着手刮削。

2．准备工作

（1）材料准备　机床导轨擦拭用料：抹布、医用脱脂纱布、清洗用煤油、航空汽油；仪器用擦拭材料：擦镜纸、酒精、脱脂棉；计算用纸：坐标纸、横格纸、白纸；红色、蓝色记号笔。

（2）设备、工具准备　M120W 万能外圆磨床 1 台（拆去工作台），HYQ03 型光学平直仪 1 台，光学平直仪升降架 1 套，反光镜垫板（V 形）1 块，钳工常用工具 1 套。

3．考核时限

（1）基本时间　准备时间 10 min，正式操作时间 240 min。

（2）时间允差　每超出基本时间 10 min，从总分中扣除 1 分，不足 10 min 按 10 min 计，超过 40 min 终止考核。

4．评分项目及标准（见表Ⅲ—6）

表Ⅲ—6

序号	评分要素	配分	评分标准
1	正确安装及调整光学平直仪	20	正确安装光学平直仪满分 5 分，出现 1 项错误扣 1 分 正确安装反光镜满分 5 分，出现 1 项错误扣 1 分 正确调整光学平直仪满分 5 分，出现 1 项错误扣 1 分 正确调整反光镜满分 5 分，出现 1 项错误扣 1 分
2	会使用光学平直仪测量 V 形导轨在水平面内及垂直面内的直线度	20	正确测量导轨在水平平面直线度满分 5 分，出现 1 项错误扣 1 分 正确测量导轨在垂直平面直线度满分 5 分，出现 1 项错误扣 1 分 在水平平面直线度测量中正确读数满分 5 分，出现 1 项错误扣 1 分 在垂直平面直线度测量中正确读数满分 5 分，出现 1 项错误扣 1 分
3	会在坐标纸上用做图法分别绘出导轨在水平平面及垂直平面的直线度误差曲线	20	正确绘出导轨水平平面直线度曲线满分 10 分，出现 1 项错误扣 2 分 正确绘出导轨垂直平面直线度曲线满分 10 分，出现 1 项错误扣 2 分
4	会列表计算导轨在水平平面与垂直平面的直线度误差值	20	正确计算导轨水平平面直线度满分 10 分，出现 1 项错误扣 2 分 正确计算导轨垂直平面直线度满分 10 分，出现 1 项错误扣 2 分
5	对导轨水平平面及垂直平面的直线度误差值进行综合分析，指出修复导轨直线度时应如何着手刮削	20	正确对导轨的直线度作出综合分析，满分 10 分，出现错误 1 项扣 2 分，出现原则性错误 1 项扣 5 分 对综合分析结果提出正确的修复施工步骤满分 10 分，出现 1 项错误扣 2 分

5．附注

测量时，允许配备一名助手，协助移动光学平直仪的反光镜。

第六题　编写 B2012A 双柱龙门刨床的安装工艺

1．内容及操作要求

(1) 指出设备安装前应做哪些准备工作，如何准备。

(2) 编排机床各部件的安装顺序。

(3) 能对各主要部件提出正确的安装方法和安装要求。

(4) 对粗平后的设备精平、灌浆、抹平提出要求。

(5) 指出设备试车、验收的正确程序和工作精度检验的方法。

2．准备工作

(1) 文件资料准备　B2012A 双柱龙门刨床的说明书、图册、验收标准及设备装箱单；设备施工地基（基础）图；金属切削机床安装通用标准；安装地（车间）的道路、跨距、厂房高度（净高度）以及起重运输设备等的简明介绍。

(2) 设备、工具准备　B2012A 双柱龙门刨床 1 台。

3．考核时限

(1) 基本时间　准备时间（参观 B2012A 双柱龙门刨床）30 min，正式操作时间210 min。

(2) 时间允差　准备时间同时开始、同时结束，不准延长；操作时间每超出基本时间 10 min，从总分中扣除 1 分，不足 10 min 按 10 min 计，超过 40 min 终止考核。

4．评分项目及标准（见表Ⅲ—7）

表Ⅲ—7

序号	评分要素	配分	评分标准
1	正确指出设备安装前应做哪些准备工作，如何准备	10	能够完整、正确地提出起重工具、专用工具、检具及安装用材料清单满分 5 分，错、漏 1 项扣 1 分 能够完整、正确地提出对于设备安装基础的要求满分 5 分，错、漏 1 项扣 1 分
2	正确编排各部件安装顺序	20	能够完整、正确地将机床划分为若干部件满分 10 分，错、漏 1 项扣 1 分 能够完整、正确地提出各部件安装顺序满分 10 分，错、漏 1 项扣 1 分
3	对各主要部件提出正确的安装方法和安装要求	40	床身的安装方法及要求叙述错误扣 4 分 立柱的安装方法及要求叙述错误扣 4 分 侧刀架安装要求和方法叙述错误扣 4 分 连接梁及龙门顶的安装方法及要求总计 4 分，每项叙述错误扣 2 分 主传动装置安装要求和方法叙述错误扣 4 分 工作台安装要求和方法叙述错误扣 4 分 横梁及垂直刀架的安装方法及要求总分 4 分，每项叙述错误扣 2 分 润滑装置的安装方法及要求叙述错误扣 4 分 电气系统的安装方法及要求叙述错误扣 4 分 机床外罩壳及附件的安装方法及要求叙述错误扣 4 分

续表

序号	评分要素	配分	评分标准
4	对粗平后的设备精平、灌浆、抹平提出正确要求	10	对设备的精平方法及要求叙述错误扣5分 对设备灌浆、抹平的方法及要求叙述错误扣5分
5	指出设备试车、验收的正确程序和工作精度检验的方法	20	对设备空运转试车前的检查内容叙述不正确、不完整扣5分 对设备空运转试车内容及要求叙述不正确扣5分 对设备工作精度检验程序和方法叙述正确得10分，错误1项扣5分

第七题　M120W万能外圆磨床工作台慢速移动时爬行现象的排除

1．内容及操作要求

（1）正确绘制出工作台爬行的故障树图或因果分析图。

（2）实际操作进行故障排除，要求操作时程序正确、操作文明安全、效果明显。

2．准备工作

（1）文件资料准备　M120W万能外圆磨床操作说明书，液压原理图，液压管路配置图，液压件清单。

（2）材料准备　抹布、清洗剂。

（3）设备、工具准备　M120W万能外圆磨床1台，钳工常用工具1套，百分表及磁性表座1套，起吊磨床工作台的吊具及枕木，存放零件盒，存放剩油及清洗剂的油盘若干，手电筒1个。

3．考核时限

（1）基本时间　准备时间10 min，正式操作时间120 min。

（2）时间允差　每超出基本时间10 min，从总分中扣除1分，不足10 min按10 min计，超过40 min终止考核。

4．评分项目及标准（见表Ⅲ—8）

表Ⅲ—8

序号	评分要素	配分	评分标准
1	原因分析正确	30	分析思路混乱扣10分 分析原因每缺1项扣5分 分析原因错误扣30分
2	通过分析能够准确查找故障原因	10	查找原因不准确扣5分 未找出原因扣10分
3	迅速查找原因	10	查找原因忙乱扣5分 重复查找原因扣5分
4	操作方法正确	30	操作程序错误扣10分 操作方法错误扣10分 操作不文明扣5分 操作后机床肮脏、油污或工作地肮脏、油污严重扣5分

续表

序号	评分要素	配分	评分标准
5	针对已查明的原因能够迅速排除故障	10	排除故障时未能“稳”“准”“快”扣 5 分 出现重复操作或程序上错误 1 次扣 2 分
6	安全操作	10	出现不安全操作现象 1 次扣 5 分 操作中出现设备、人身事故或重大未遂事故（事故隐患）时，取消考试资格

第八题　CB—B 外啮合齿轮泵的修理

1．内容及操作要求

（1）掌握 CB—B 外啮合齿轮泵的结构和工作原理。

（2）能够按正确的顺序进行齿轮泵零件拆卸。

（3）正确检查并判断齿轮泵零件的磨损状况。

（4）确定齿轮泵的修理方案，并能正确地对齿轮泵的主要零件（如齿轮、泵体）实施修复操作。

（5）能够按正确的顺序进行齿轮泵装配。

（6）对修复后的齿轮泵能够正确地进行调整和性能测试，并达到规定的性能要求。

2．准备工作

（1）文件资料准备　CB—B 外啮合齿轮泵图册、技术性能规范指标。

（2）材料准备　清洗用油、试车用油、研磨剂（研磨微粉或研磨膏）、抹布、医用脱脂纱布。

（3）设备、工具准备　待修的 CB—B 外啮合齿轮泵 1 台，钳工工作台（带台虎钳）、钳工常用工具各 1 套，刮刀 1 套，检验平板 1 块，研磨平板 1 块，刮研用显色剂（红丹油），测量用卡尺、螺旋千分尺、内径百分表各 1 套。

3．考核时限

（1）基本时间　准备时间 10 min，正式操作时间 180 min。

（2）时间允差　每超出基本时间 10 min，从总分中扣除 1 分，不足 10 min 按 10 min 计，超过 40 min 终止考核。

4．评分项目及标准（见表Ⅲ—9）

表Ⅲ—9

序号	评分要素	配分	评分标准
1	掌握 CB—B 外啮合齿轮泵的结构和工作原理	20	能够正确叙述齿轮泵的结构得 5 分 能够正确叙述齿轮泵的工作原理得 5 分 能够完整地描述齿轮泵的常见故障及排除方法得 10 分，出现 1 项重大错漏故障或排除方法错误扣 2 分
2	能够按正确的顺序进行齿轮泵的零件拆卸	10	拆卸操作程序正确得 5 分 拆卸操作时动作准确、熟练得 5 分

续表

序号	评分要素	配分	评分标准
3	能够正确检查并判断齿轮泵零件的磨损及修复	15	正确对齿轮泵的主要零件进行检查得5分，错误1项扣1分 对磨损件判断正确得5分 对磨损件的修复或更换判断正确得5分
4	正确地对主要零件实施修复	20	进行齿轮泵的齿轮修复达到技术要求得10分 进行齿轮泵的泵体修复达到技术要求得10分
5	能够按正确的顺序进行齿轮泵的零件装配	10	装配操作程序正确得5分 装配操作时动作准确、熟练得5分
6	对修复后齿轮泵正确地进行调整和性能测试，并达到规定的性能要求	25	调整齿轮泵操作程序正确，方法合适得8分 掌握正确的齿轮泵试验方法，操作安全无误，测试结果正确，得9分 经测试，齿轮泵修复后性能达到原定技术性能要求得8分

第九题　精密机械零件——Y7520W螺纹磨床砂轮主轴的修复

1．内容及操作要求

（1）正确叙述螺纹磨床砂轮主轴在机床中的作用；主要的尺寸精度、形位公差、表面粗糙度及技术要求。

（2）正确叙述螺纹磨床砂轮主轴的常见破损状况及相应的修复方法、修复的工艺路线。

（3）正确运用测量工具对螺纹磨床砂轮主轴进行测量操作，确定其破损状况。

（4）经过测量，确定砂轮主轴的具体修复方法和修复的工艺路线。

（5）在卧式车床上对砂轮主轴滑动轴承面实施抛光操作，要求椭圆度不大于0.001 mm、圆锥度不大于0.003 mm、表面粗糙度 R_a 值小于0.025 μm。

2．准备工作

（1）文件资料准备　Y7520W螺纹磨床砂轮主轴的零件图。

（2）材料准备　清洗用料：煤油、航空汽油、抹布、脱脂棉花、医用纱布；研磨用料：研磨微粉、研磨膏。

（3）设备、工具准备　待修的Y7520W螺纹磨床砂轮主轴1根；CA6140卧式车床（在主轴三爪自定心卡盘夹一棒料，并加工成60°锥顶尖；尾座套筒内也装入一个60°锥顶尖）1台；抛光用研磨抛光板1块，鸡心夹头1个，清洗用油盆1个，盛研磨材料用小盆2个；测量用千分表连同磁性表座1套，外径千分尺1套。

3．考核时限

（1）基本时间　准备时间10 min，正式操作时间180 min。

（2）时间允差　每超出基本时间10 min，从总分中扣除1分，不足10 min按10 min计，超过40 min终止考核。

4．评分项目及标准（见表Ⅲ—10）

表Ⅲ—10

序号	评分要素	配分	评分标准
1	正确叙述螺纹磨床砂轮主轴在机床中的作用，主要的尺寸精度、形位公差、表面粗糙度及技术要求	20	能够正确地叙述砂轮主轴在螺纹磨床的作用得5分 能够正确、完整地叙述砂轮主轴的尺寸精度、形位公差、表面粗糙度得10分，错、漏1项扣2分 能够正确地叙述砂轮主轴的技术要求得5分
2	正确叙述螺纹磨床砂轮主轴常见破损状况及相应的修复方法、修复的工艺路线	20	能够正确、完整地叙述砂轮主轴常见的破损状况得7分 能够正确地叙述常见破损状况的修复方法得7分 能够正确完整地叙述修复的工艺路线得6分
3	正确运用测量工具对砂轮主轴进行测量操作，确定其破损状况	20	能够正确运用测量工具对砂轮主轴进行测量操作得10分，错、漏1项扣2分 判断破损状况准确得10分，错、漏1项扣2分
4	确定砂轮主轴的具体修复方法和修复的工艺路线	20	正确确定砂轮主轴的修复方案得10分 正确确定砂轮主轴的修复工艺路线得10分
5	在卧式车床上实施抛光操作，要求椭圆度、圆锥度和表面粗糙度达到要求	20	抛光操作正确熟练得10分 抛光后达到要求的椭圆度、圆锥度和表面粗糙度得10分 出现不安全操作1次扣5分，发生事故或事故未遂得0分

第十题 B2012A双柱龙门刨床的外观检查

1．内容及操作要求

(1) 正确实施机床外观质量检查。

(2) 正确实施机床的空运转试验。

(3) 通过检验，分析故障产生的原因，提出排除故障整改方法。

(4) 对机床外观检查结果写出结论性的检验报告。

2．准备工作

(1) 文件资料准备　金属切削机床大修理通用技术条件；B2012A双柱龙门刨床验收标准。

(2) 设备、工具准备　待检的B2012A双柱龙门刨床1台，钳工常用工具1套，测时秒表1个，温度计1个，钢卷尺（5 m）1把。

3．考核时限

(1) 基本时间　准备时间10 min，正式操作时间120 min。

(2) 时间允差　每超出基本时间10 min，从总分中扣除1分，不足10 min按10 min计，超过40 min终止考核。

4．评分项目及标准（见表Ⅲ—11）

表Ⅲ—11

序号	评分要素	配分	评分标准
1	正确实施机床外观检查	25	外观检查程序清楚得5分 外观检查操作熟练得5分 外观检查标准掌握合适得5分 对外形、涂漆、冷却、润滑、安全防护等方面的检查项目的检查完整无错漏总分10分，错、漏1项扣2分
2	正确实施机床空运转试验	25	空运转试验程序清楚得5分 空运转试验操作熟练得5分 空运转试验标准掌握合适得5分 对噪声、温度、温升、运行速度（爬行、振动）、进给量准确度、操作灵敏性以及安全限位可靠性等方面的检查完整无错漏总分10分，错、漏1项扣2分
3	正确分析故障产生原因，提出排除故障的方法	30	正确分析故障产生原因总分15分，错、漏1项扣3分 正确提出排除故障方法总分15分，错、漏1项扣3分
4	结论正确、文字通顺	20	机床故障表述完整、清楚得5分，错、漏1项扣1分 故障原因分析正确得5分，错、漏1项扣1分 文字通顺、逻辑性强得5分 检验结论正确、合理得5分，结论有偏差扣1～3分

第十一题 B2012A双柱龙门刨床的几何精度检查：检验7，工作台面对工作台移动的平行度

1．内容及操作要求

(1) 熟悉金属切削机床几何精度检查的一般规则。

(2) 正确进行机床几何精度检查前的各项准备工作。

(3) 实施机床几何精度检查，对检查数据进行处理，提出检验结论。

(4) 对机床几何精度超差的原因作出正确分析，提出排除故障或恢复精度的方法。

2．准备工作

(1) 文件资料准备　金属切削机床大修理通用技术条件；金属切削机床检验通则；B2012A双柱龙门刨床验收标准。

(2) 设备、工具准备　待检的B2012A双柱龙门刨床1台，钳工常用工具1套，千分表1块，磁性表座1个，平行量块1块，水平仪1个，水平仪垫板1块。

3．考核时限

(1) 基本时间　准备时间10 min，正式操作时间120 min。

(2) 时间允差　每超出基本时间10 min，从总分中扣除1分，不足10 min按10 min计，超过40 min终止考核。

4．评分项目及标准（见表Ⅲ—12）

表Ⅲ—12

序号	评分要素	配分	评分标准
1	熟悉几何精度检查一般规则	20	熟悉机床几何精度检查的一般规则总分10分，错、漏1项扣2分 熟悉关于几何精度公差的两项规则总分10分，错误1项扣5分
2	正确进行检查前的准备工作	20	正确进行被检验机床的状态准备（如基础调平、温度测量等）得10分，错、漏1项扣5分 正确进行测量工具准备得10分，错、漏1项扣2分
3	正确对几何精度实施检查及检查数据处理	30	几何精度检查程序清楚得5分 几何精度检查操作熟练得5分 几何精度检查读数准确得10分，错误1项扣2分 检验数据处理正确得10分，错误1项扣5分
4	分析超差原因，提出排除方法	30	超差原因分析正确满分15分，错、漏1项扣5分 排除故障方法正确满分15分，错、漏1项扣5分

第十二题 B2012A双柱龙门刨床的运行（动态）检查

1．内容及操作要求

（1）掌握金属切削机床运行（动态）检查的一般原则和程序。

（2）掌握B2012A双柱龙门刨床负荷试验的内容、试验方法。

（3）掌握B2012A双柱龙门刨床工作精度检验的内容、试件要求和检验方法。

（4）能够正确、安全地进行龙门刨床的负荷试验和工作精度检验。

（5）对机床负荷试验中出现的故障能够分析出产生的原因，提出排除的方法。

（6）对于机床工作精度检验中试件的不合格项能够分析其产生的原因，提出达到标准要求的整改方法。

2．准备工作

（1）文件资料准备　金属切削机床大修理通用技术条件；金属切削机床检验通则；B2012A双柱龙门刨床验收标准。

（2）材料准备　负荷试验试件1件；工作精度检验试件6件。

（3）设备、工具准备　待检的B2012A双柱龙门刨床1台；试验加工用刨刀、装夹工件用压板、T形槽螺栓、螺母、垫铁若干；测量工件用百分表及表座1套，外径千分尺1套，表面粗糙度检查仪1台。

3．考核时限

（1）基本时间　准备时间10 min，正式操作时间120 min。

（2）时间允差　每超出基本时间10 min，从总分中扣除1分，不足10 min按10 min计，超过40 min终止考核。

4．评分项目及标准（见表Ⅲ—13）

表Ⅲ—13

序号	评分要素	配分	评分标准
1	掌握金属切削机床运行（动态）检查的一般原则和程序	20	熟悉机床运行（动态）检查的一般规则总分10分，错、漏1项扣2分 熟悉机床运行（动态）检查的程序和要求总分10分，错、漏1项扣2分
2	掌握龙门刨床负荷试验的内容及试验方法	10	掌握龙门刨床负荷试验的规范得5分 掌握龙门刨床负荷试验的要求得5分
3	掌握龙门刨床工作精度检验的内容及试验方法	10	掌握龙门刨床工作精度检验的规范得5分 掌握龙门刨床工作精度检验的要求得5分
4	能正确、安全地进行工作精度检验，并能排除故障	30	正确、安全地进行龙门刨床的工作精度检验得10分 正确分析超差的原因得10分 能够正确指出达到标准要求整改方法得10分
5	能够正确、安全地进行机床负荷试验，并能排除故障	30	正确、安全地进行龙门刨床的负荷试验得10分 对负荷试验出现的故障能正确分析出产生的原因得10分 正确提出排除故障的方法得10分

5．附注

进行龙门刨床运行（动态）检查时，要求配备1名机床专门操作人员操作机床。

四、模拟试卷

知识考核模拟试卷（一）

（一）判断题 下列判断题中正确的请打“√”，错误的请打“×”（每题1分，共30分）。

1．对于手持工具、平台、个人防护用品等的安全检查，也属于特种检查范围。（ ）

2．电工用的绝缘用具，必须每半年进行一次耐压试验。（ ）

3．当发现气焊的乙炔管堵塞时，不准用压缩空气吹洗。（ ）

4．检修蒸汽安全阀时，应先关闭进汽阀门。（ ）

5．能够提供一定流量、压力的液压能源泵，称为液压泵。（ ）

6．电气原理图是为了表明电气元器件在设备中的具体位置的图样。（ ）

7．利用材料的塑性变形，改变其几何形状而不损坏零件的修复技术，称为压力加工修复。（ ）

8．对喷涂修复后的零件实施焊接的综合修复方法，称为喷焊。（ ）

9．设备安装灌浆操作完成以后，可以进行设备的检验、调整和试运行。（ ）

10．为了使研磨有效地进行，制作研磨棒的材料硬度一定要比被研工件材料硬度高。（ ）

11．安装设备时，可使用精密水平仪进行高程测量。（ ）

12．合像水平仪是用来测量水平位置微小角度偏差的角度量仪。（ ）

13．光学平直仪是由光学平直仪本体和反射镜组成的。（ ）

14．铸件为了外观美化，在两壁交面处设置有铸造圆角。（ ）

15．铸件表面呈未完全融合的圆弧状接口缝隙，称为铸造缩孔。（ ）

16．桥式起重机两条轨道的轨距允差不应超过 ±5 mm。（ ）

17．铸铁冲天炉的金属槽、出渣槽和挡渣板是分件制造，现场配接安装的。（ ）

18．凡在坠落高度距基准面 3 m 以上（含 3 m），有可能坠落的高处进行作业，均称为高处作业。（ ）

19．毒物是指进入人体血液后导致疾病或死亡的一切物质。（ ）

20．万能磨床砂轮主轴与轴承之间间隙过大，导致磨削工件表面产生直波纹。（ ）

21．龙门刨床润滑工作台的润滑油的压力调得太低，将导致工作台运行不稳定。（ ）

22．滚齿机交换齿轮的啮合间隙太大，使刀架滑板升降时出现爬行。（ ）

23．爬行现象一般只发生在低速滑动的液压驱动部件。（ ）

24．一般液压机床的油温不得超过 60℃。（ ）

25．以设备操作人员为主，对设备的定期保养，称为机械设备二级保养。（ ）

26．测量万能磨床内圆磨头支架孔中心线对工作台移动的平行度时，检验棒自由端只许向上偏。（　）

27．在进行龙门刨床床身导轨直线度测量时，若精度超差，则不允许再对床身导轨的安装水平进行调整。（　）

28．一般平衡精度的旋转件，可采用动平衡机的支承。（　）

29．当生产实习课题教学或一天实习课程结束后，应由实习教师验收学生的工作情况。（　）

30．设备维修班组和大修班组的生产管理基本相同。（　）

（二）**单项选择题**　下列每题中有多个选项，其中只有1个是正确的，请将正确答案的代号填在横线空白处（每题1分，共40分）。

1．组织安全检查就是______广大职工关心安全。

A．调动　B．发动　C．督促　D．动员

2．连续安全检查是指派人对某些设备或操作进行______的观察和检查。

A．连续　B．不间断　C．长时间　D．持续

3．电工必须根据工作情况选用______，不准相互代用或乱挂。

A．警示牌　B．标志牌　C．警示标志　D．警告牌

4．发给电工的绝缘胶鞋______带电使用。

A．不能　B．允许　C．可以　D．原则上不准

5．起重工应根据货物的______选择钢丝绳或链条。

A．体积　B．重量　C．形状　D．种类

6．使用滚杠搬运货物时，道路的坡度不应超过______。

A．1∶20　B．1∶15　C．1∶10　D．1∶8

7．气焊作业用的氧气胶管颜色为______。

A．红色或黑色　B．红色或黄色　C．绿色或蓝色　D．绿色或黑色

8．气焊熄火时应该是______。

A．先关乙炔，后关氧气　B．先关氧气，后关乙炔

C．乙炔、氧气同时关闭　D．先稍关乙炔，待关闭氧气后再完全关闭乙炔

9．在易燃、易爆场所进行焊接作业时，必须采取______的安全措施。

A．必要　B．绝对　C．可靠　D．一定

10．管道工要经常对管道进行检查和维护，保证管路处于______状态。

A．正常工作　B．完好无损　C．完整良好　D．安全运行

11．将能量由原动机传递到工作机的一整套装置称为______。

A．转换机　B．驱动装置　C．转换装置　D．传动装置

12．单位时间内通过管道的液体的______称为流量。

A．体积　B．重量　C．容积　D．质量

13．液压缸是液压系统的______元件。

A．驱动　B．执行　C．工作　D．能量转换

14．金属喷涂是将______状态的金属喷射到修复零件表面的过程。

A．熔化　B．加热　C．熔融　D．雾化

15．喷涂时，工件整体温度为______。

A．200～250℃　　B．120～150℃　　C．80～120℃　　D．70～80℃

16．镀铬时，铬层与基体金属要有______的结合强度。

A．较好　　B．很好　　C．一定　　D．良好

17．刷镀是在工件表面______金属的零件修复技术。

A．快速镀覆　　B．快速沉积　　C．慢速镀覆　　D．慢速沉积

18．简易量棒______，所以它的加工工序应尽量减少。

A．测量精度较低　　B．测量方法简单

C．多用于生产急需时　　D．多用于近似测量

19．可调研磨棒使用前应将研磨棒外径调整得______被研孔的孔径。

A．小于　　B．等于　　C．稍小于　　D．大于

20．合像水平仪以______对准，从而提高了读数的准确度。

A．双像重合　　B．平行玻璃板　　C．测微旋钮　　D．光学放大

21．读取合像水平仪示值时，应处于垂直______的位置。

A．放大镜　　B．水泡管　　C．目镜　　D．水平仪底板

22．旋转______手轮，将经纬仪读数微分尺置于零分零秒。

A．照准部微动　　B．测微器　　C．基座调平　　D．望远镜微动

23．在零件图上用各种工艺符号表示出______，就是铸造工艺图。

A．铸造尺寸　　B．铸件形状尺寸　　C．铸造工艺方案　　D．铸造工艺要求

24．将金属液引入铸型的一系列通道称为______。

A．浇口　　B．浇冒口　　C．浇注通路　　D．浇注系统

25．一般灰铸铁的线收缩率为______。

A．0.7%～1%　　B．1.0%～1.2%　　C．1.2%～1.5%　　D．1.5%～1.8%

26．在锻件某些难以锻出的部位，添加一些大于机械加工余量的金属体积，称为______。

A．台阶　　B．余块　　C．法兰　　D．凹挡

27．______是指锻件表面有局部凹陷的缺陷。

A．凹挡　　B．未充满　　C．凹坑　　D．尺寸不足

28．在焊缝根部未完全熔透的现象称为______。

A．未熔合　　B．咬边　　C．夹渣　　D．未焊透

29．桥式起重机是______运来的，应尽量采用整体吊装。

A．分成几大件　　B．分成部件　　C．以零件形式　　D．整体

30．______m 以上的作业称为特级高处作业。

A．10　　B．15　　C．20　　D．30

31．高温作业按夏季室外通风设计计算，温度可以分为______。

A．四类　　B．三类　　C．两类　　D．多类

32．一般工厂发声的______都称为噪声源。

A．动力设备　　B．机械设备　　C．振动装置　　D．冲压锻造设备

33．由于______，使万能磨床磨削工件表面出现螺旋线。

A．运动爬行　　B．砂轮主轴松动　　C．砂轮修整不良　　D．工件主轴松动

34．______，使龙门刨床床身导轨发生严重磨损。

A．导轨面缺油　　B．工作负荷大　　C．导轨接触不良　　D．运动不稳定

35．机械设备二级保养制度是建立在______基础上的。

A．事后维修　　B．计划预修　　C．可靠性维修　　D．针对性修理

36．设备大修后的外观检查，用______mm塞尺检查结合面的密合程度。

A．0.05　　B．0.04　　C．0.03　　D．0.02

37．设备空运转试验时，在最高转速下的运转时间不得少于______min。

A．15　　B．20　　C．25　　D．30

38．电动机的过载保护通常用______来实现。

A．熔断器　　B．热继电器　　C．短路保险器　　D．熔丝

39．机械振动通过______传播而得到声音。

A．导体　　B．物体　　C．媒质　　D．气体

40．______是目前应用最广泛的超声波检测方法。

A．穿透法　　B．共振法　　C．板波法　　D．脉冲反射法

（三）**多项选择题**　下列每题的多个选项中，至少有2个是正确的，请将正确答案的代号填在横线空白处（每题1分，共30分）。

1．安全检查是为了防止______的发生。

A．伤亡事故　　B．职业病　　C．不安全因素　　D．潜在危害　　E．死亡事故

2．安全检查要周密地做好准备，按______切实地进行检查。

A．标准　　B．规定　　C．需要　　D．计划　　E．要求

3．企业应该把职工的______放在工作的首位。

A．利益　　B．安全　　C．经济收入　　D．健康　　E．收益

4．安全检查的方式可分为______和连续检查、特种检查四种。

A．定期检查　　B．周期检查　　C．定点检查

D．突击检查　　E．群众性检查

5．对于______等，凡法令、规程规定有检查期限的，都应进行定期检查。

A．受压容器　　B．起重机械　　C．大型设备　　D．精密机床　　E．专用设备

6．连续安全检查能够______，以防发展成为严重问题或事故。

A．及时找到隐患　　B．及时进行整改　　C．及时发现问题

D．及时进行纠正　　E．及时发现故障

7．对于______的调查，也属于特种检查的范围。

A．环境　　B．事故　　C．水质　　D．生态　　E．卫生

8．发现电工绝缘用具有______的不准使用。

A．漏气　　B．破损　　C．脱胶　　D．破裂　　E．粘连

9．起重工使用的钢丝绳不准______。

A．断股　　B．打结　　C．锈蚀　　D．扭曲　　E．折弯

10．发现气焊焊嘴、割嘴堵塞时，只能用______进行疏通。

A．铜丝　　B．竹签　　C．钢丝　　D．铅丝　　E．棉签

11．焊工作业时必须穿工作服、绝缘鞋，戴______等防护用品。

A．防护眼镜　B．防护手套　C．绝缘手套　D．面罩　E．眼镜

12．在金属熔液中，严禁掉入______，以防金属液体飞溅伤人。

A．重物　B．水　C．木材　D．油　E．湿土

13．常见传动装置的传动方式有______和电气传动。

A．机械传动　B．液压传动　C．齿轮传动　D．带传动　E．链传动

14．机构由构件组成，构件按运动状态分为______。

A．硬件　B．软件　C．旋转件　D．静件　E．动件

15．液压系统的控制部分是用来______油液的方向、流量和压力的。

A．控制　B．调解　C．转变　D．改变　E．变换

16．液压传动的主要参数是______。

A．容积　B．效率　C．功率　D．压力　E．流速和流量

17．液压泵是提供一定______的液压能源泵。

A．功率　B．流量　C．流向　D．压力　E．流速

18．液压马达输入压力油后，输出的是一定______的机械能。

A．扭矩　B．转矩　C．转动方向　D．功率　E．转速

19．液压控制阀可以分为______和流量阀。

A．节流阀　B．调速阀　C．开停阀　D．方向阀　E．压力阀

20．减压阀多用于液压系统______油路中。

A．控制　B．润滑　C．换向　D．驱动　E．制动

21．金属喷涂是利用______等热源，将金属加热后喷射到修复工件的表面。

A．高频　B．中频　C．超声频　D．火焰　E．电弧

22．局部电镀时，工件不镀的表面要用______进行绝缘处理。

A．赛璐珞　B．钙基脂　C．润滑脂　D．清漆　E．有机溶剂

23．黏结修复零件的方法有______和胶黏剂黏结法。

A．热熔黏结法　B．溶剂黏结法　C．贴塑黏结法

D．有机黏结法　E．无机黏结法

24．修复后的零件必须保持足够的______，并不得影响其使用寿命和性能。

A．精度　B．硬度　C．表面粗糙度　D．强度　E．刚度

25．量棒可以用于测量机床主轴的______。

A．径向圆跳动　B．轴向窜动　C．圆跳动　D．全跳动　E．松动量

26．研磨棒常用于修复______的圆度、圆柱度及表面粗糙度超差。

A．轴承孔　B．圆柱孔　C．固定孔　D．圆锥孔　E．轴套孔

27．机修工具的设计方案只有通过______以后，才能实现设计者的意图。

A．制造　B．加工　C．应用　D．使用　E．装配

28．合像水平仪的水平工作平面用于检测平面的______。

A．平行度　B．垂直度　C．表面粗糙度　D．平面度　E．直线度

29．光学平直仪是用来检查导轨在______内的直线度误差的。

A．水平面　B．垂直面　C．横截面　D．纵向平面　E．横向平面

30．金属铸造的，通常用______配合使用，使型芯在铸型中定位和固定。

A．芯撑　B．芯骨　C．砂箱　D．芯头　E．芯座

知识考核模拟试卷（二）

（一）**判断题**　下列判断题中正确的请打“√”，错误的请打“×”（每题 1 分，共 30 分）。

1．派人对某些设备或操作进行长时间的观察和检查称为定期检查。（　）

2．事故调查、卫生调查属于安全突击检查。（　）

3．电工必须根据工作情况选用不同的警告牌。（　）

4．电工绝缘用具必须每年进行一次耐压试验。（　）

5．起重工应根据所起吊货物的种类选择钢丝绳。（　）

6．起重工使用钢丝绳时不准戴手套。（　）

7．气焊时，点火顺序应该是先开乙炔，后开氧气。（　）

8．气焊时，熄火的顺序是先关氧气，后关乙炔。（　）

9．有压力的蒸汽管道不能检修。（　）

10．在地沟中进行管路检修操作时，应至少有两个人在场。（　）

11．利用机械能的设备称为原动机。（　）

12．传动装置中的倍增变速机构是由 4 根轴组成的。（　）

13．液压系统的控制部分主要控制油液的方向、流量和压力。（　）

14．单位时间内进出液压缸或通过管道的液体体积称为流量。（　）

15．叶片泵旋转时，叶片在流体压力作用下紧贴定子内圈。（　）

16．液压缸是将液压能转变为机械能的装置。（　）

17．液压系统中的换向阀的作用是使液压油只能单向流动。（　）

18．液压系统中的溢流阀的作用是减小系统中某部分的压力。（　）

19．电动机的通电回路称为主回路。（　）

20．电气设备的安装接线图称为电气布线图。（　）

21．挤压法是用压力压缩零件长度，增加内、外径尺寸的修复方法。（　）

22．喷涂法可以用金属或非金属材料作为涂层材料。（　）

23．喷焊是喷涂加焊接的一种新型零件修复方法。（　）

24．镀铬时，铬与基体金属的结合强度较低，所以只能用于承受均匀负荷的零件。（　）

25．刷镀是在工件表面快速沉积金属的零件修复技术。（　）

26．借助胶黏剂将相同或不同材料连接成一个牢固的整体的方法称为黏结。（　）

27．设备安装后的检验，主要是要检验安装后设备能否达到技术要求。（　）

28．量棒设计人员应提出 3 个以上的原理方案进行评价，以确定出最佳方案。（　）

29．量棒制造时，在不影响使用性能的前提下，可根据加工能力适当降低其加工精度。（　）

30．量棒制造中应加入 2～3 次人工时效，以充分消除内应力。（　）

（二）**单项选择题** 下列每题中有多个选项，其中只有1个是正确的，请将正确答案的代号填在横线空白处（每题1分，共40分）。

1．在固定尺寸长研磨棒外径上车削一条大导程的螺旋沟是为了______。

A．利于排屑 B．提高研磨效率 C．使研磨省力 D．美观

2．为了设计出合格的修理工具，设计人员必须具有______知识。

A．制造和装配 B．修理和安装 C．设备和工艺 D．机械和电气

3．______是企业的经济目标之一。

A．提高经济效益 B．增产节约 C．降低成本 D．降低消耗

4．在设备安装时，高程的测量使用了______。

A．平直度检查仪 B．合像水平仪 C．经纬仪 D．水准仪

5．精密水准仪望远镜的放大倍率不小于______倍。

A．40 B．30 C．20 D．10

6．合像水平仪是用来测量水平位置微小______的精密量仪。

A．直线偏差 B．角度偏差 C．平行度偏差 D．平面度偏差

7．使用合像水平仪测量时，应从______读取细读数。

A．水准器 B．目镜 C．刻度盘 D．放大镜

8．合像水平仪V形工作台底面用于测量圆柱形表面的______。

A．圆度 B．圆柱度 C．锥度 D．直线度

9．转动光学平直仪的______，可分别用于测量水平面或垂直面上的直线度。

A．目镜座 B．物镜 C．反射镜 D．固定分划板

10．经纬仪安装水平，采用______手轮进行调整。

A．望远镜微动 B．三角基座调平 C．照准部微动 D．转像

11．通过铸造工艺分析，在零件图上用各种______表示铸造工艺方案，就是铸造工艺图。

A．相关尺寸 B．尺寸代号 C．工艺符号 D．形状结构

12．浇注位置是铸件浇注时在______中所处的位置。

A．砂箱 B．模型 C．芯盒 D．铸型

13．当某些铸件因结构限制不能用芯头来支撑型芯时，可用______来支撑。

A．芯撑 B．芯座 C．芯盒 D．芯骨

14．一般灰铸铁铸件的最小铸出孔径为 ϕ______mm。

A．40 B．30 C．25 D．20

15．______是指铸造中出现的圆形或梨形的光滑孔洞。

A．缩孔 B．铁豆 C．气孔 D．砂眼

16．铸件开裂，裂纹表面呈氧化色，称为______。

A．热裂 B．冷裂 C．冷隔 D．浇不足

17．零件尺寸加上______所得的尺寸称为锻件基本尺寸。

A．锻件公差 B．加工余量 C．余块尺寸 D．凹挡尺寸

18．在锻造工艺图中，锻件的外形用______表示。

A．细实线 B．双点划线 C．虚线 D．粗实线

19．锻造时，原坯料尺寸偏小，致使锻模型腔不能充满，称为______。

A．尺寸不足　B．凹坑　C．未充满　D．凹挡

20．沿着焊趾的母材部位，形成凹陷或沟槽的现象称为______。

A．咬边　B．未焊透　C．未熔合　D．焊瘤

21．在条件允许时，桥式起重机尽量采用______吊装。

A．分部件　B．整体　C．分成大件　D．组合后

22．二次送风外水套水冷冲天炉是由______组合而成的。

A．铆接　B．分部装配　C．焊接　D．螺栓连接

23．冲天炉外壳中部安装时，应根据加料中心线的______进行配装。

A．不同角度　B．不同高度　C．相对位置　D．倾斜度

24．恒温间室内空气是通过制冷系统的______进行降湿、降温的。

A．压缩机　B．水冷机组　C．鼓风机　D．蒸发器

25．恒温环境的温度控制精度最大误差为______℃。

A．±0.5　B．±1　C．±1.5　D．±2

26．潜水焊割工与水面支持人员之间要有______。

A．连接控制　B．直接联系　C．通讯装置　D．通讯联络

27．从事低温操作时要穿戴好防护用品，防止冷却剂______。

A．灼伤皮肤　B．冻伤皮肤　C．烧伤人体　D．腐蚀人体

28．对于分开式轴承的修理，可以采用______的方法。

A．修轴换套　B．修轴修套　C．修套换轴　D．换轴换套

29．放电加工适用于______材料的加工。

A．绝缘　B．导电性差　C．导电性较好　D．金属

30．放电加工是将工具和工件都浸在______的液体内。

A．强导电　B．不导电　C．导电　D．弱导电

31．点接触式淬火用的石墨电极常做成______。

A．棍状　B．板状　C．轮状　D．块状

32．设备接上电源后，应检查电动机的______。

A．旋转速度　B．旋转方向　C．工作电流　D．工作电压

33．设备空运转时，每级速度的运转时间不得少于______ min。

A．5　B．4　C．3　D．2

34．在选择量具时，必须考虑到______对测量的影响。

A．测量方法　B．测量精度　C．测量误差　D．测量要求

35．几何精度检查前，应按机床说明书的要求______。

A．检查机床水平　B．检查工作精度　C．做空运转试验　D．做负荷试验

36．机床几何精度检查时，一般______卸下零部件进行床身导轨精度检查。

A．允许　B．不允许　C．可以　D．不准

37．标准器具修正值应______存放。

A．有专人保管　B．按量具分类　C．随同标准器具　D．按使用点

38．为了减小测量力误差，使用百分表测量时，压表量一般以______ mm 为宜。

A. 0.5　B. 0.3　C. 0.2　D. 0.1

39. ______方法误差是指由被测工件测量基面的选定及安装方式所造成的误差。

A. 定位安装　B. 找正对准　C. 测量基准　D. 工件安装

40. 测量人员误差主要是指由测量人员的素质、业务水平和______造成的误差。

A. 操作熟练程度　B. 责任心　C. 业务能力　D. 专业水准

（三）**多项选择题**　下列每题的多个选项中，至少有2个是正确的，请将正确答案的代号填在横线空白处（每题1分，共30分）。

1. 万能磨床磨削工件的圆度超差，其主要原因是______。

A. 前、后顶尖工作部分局部磨损　B. 前、后顶尖锥柄与锥孔接触不良

C. 机床安装水平发生变化　D. 砂轮修整不良　E. 磨头轴承松动

2. 由于______，使万能磨床磨削内孔表面呈多角形。

A. 内圆磨头振动　B. 砂轮修整不良　C. 工件主轴松动

D. 工件未夹紧　E. 内圆磨头轴承松动

3. 万能磨床磨削内孔表面出现鱼鳞纹，是由______造成的。

A. 砂轮修整不良　B. 砂轮跳动量大　C. 磨头轴承松动

D. 工件未夹紧　E. 床身导轨磨损

4. ______，使万能磨床磨削工件内孔圆度超差。

A. 工件主轴轴承松动　B. 砂轮修整不良　C. 工件未夹紧

D. 内圆磨头振动　E. 工件主轴轴颈圆度超差

5. 龙门刨床地基刚度不足，将导致______。

A. 导轨严重磨损　B. 导轨拉毛　C. 工作台运动不稳定

D. 床身接缝处漏油　E. 工作台变形

6. 排除龙门刨床精刨工件表面粗糙度超差的方法是______。

A. 重新调整床身基础安装水平　B. 调整床身工作台的润滑油压力

C. 调整刨刀座与刀夹的配合间隙　D. 减小刀夹连接圆锥销的配合间隙

E. 重新选用切削用量

7. 由于______，使龙门刨床横梁升降时与工作台上平面的平行度超差。

A. 横梁夹紧装置与立柱面接触不良　B. 两根升降丝杠磨损量不一致

C. 两立柱与横梁连接导轨不平行　D. 横梁与立柱配合松动

E. 机床安装地基变形

8. 滚齿时发现齿轮的齿形母线凹凸不平，其排除的方法有______。

A. 调整分度交换齿轮间隙　B. 调整滚刀的安装位置

C. 调整刀具主轴的轴向间隙　D. 调整分度蜗杆的轴向间隙

E. 调整滚刀架安装角度

9. 由于______，使滚齿时齿形一侧齿顶部分多切，另一侧齿根部分多切。

A. 滚刀刀杆轴向窜动量太大　B. 分度蜗杆轴向窜动量太大

C. 滚刀端面与内孔不垂直　D. 齿坯安装与工作台不同心

E. 滚刀架安装角度误差太大

10. 因为齿坯安装中心与工作台旋转中心不同心，使滚齿时产生______。

A．齿形误差　　B．齿向偏差　　C．齿形角误差

D．基节误差　　E．公法线长度误差

11．滚齿机滚齿时，齿面有啃齿痕的主要产生原因是______。

A．刀具主轴推力轴承磨损　　B．滚刀架与立柱导轨间斜铁松动

C．滚刀架与立柱导轨间斜铁太紧　　D．齿坯材料硬度不均匀

E．滚刀架与立柱导轨间斜铁太松

12．由于______，使滚齿机滚齿时出现横波纹。

A．滚刀架与立柱导轨间斜铁间隙过小　　B．齿坯材料硬度不均匀

C．垂直进给丝杠推力轴承严重磨损　　D．滚刀架与立柱导轨间斜铁松动

E．滚刀架与立柱导轨间斜铁间隙过大

13．液压系统压力损耗大的原因是______。

A．工作负荷过大　　B．输送管路太长　　C．油的黏度太大

D．油的压力过高　　E．油的压力过低

14．因为______，使液压油缸工作时严重发热。

A．油的黏度太大　　B．油的压力太高　　C．液压油缸安装不正

D．液压油缸密封太紧　　E．油的流量过大

15．万能外圆磨床液压系统开动时噪声增大，其主要原因是______。

A．油泵空吸　　B．滤网堵塞　　C．工作负荷重

D．工作压力过高　　E．工作流量过大

16．万能外圆磨床由于______，使工作台换向精度差。

A．油压调得太低　　B．工作台导轨润滑油量太多

C．活塞杆两端固定螺母松动　　D．工作台导轨严重磨损　　E．油压调得过高

17．由于______，使万能外圆磨床工作台换向时出现换向迟缓。

A．系统中混入空气　　B．润滑油量过高　　C．油缸安装不正

D．油缸密封过紧　　E．油的压力太低

18．液压牛头刨床滑枕不能换向的原因是______。

A．阻尼阀调节的压力太高　　B．系统内进入空气

C．球形阀没有调整到规定值　　D．针形阀开口量太小　　E．油的压力太低

19．精密零件制造所用的材料，要求有优良的______。

A．力学性能　　B．加工性能　　C．物理性能

D．化学稳定性　　E．切削性能

20．以改变金属性能为目的的受控的______过程，称为金属热处理。

A．淬火　　B．回火　　C．正火　　D．加热　　E．冷却

21．精密零件测量的______是机械加工中最关键的技术问题。

A．准确性　　B．可靠性　　C．可行性　　D．精确性　　E．完整性

22．根据精密零件的精度要求，要______选择切削加工的设备。

A．切实地　　B．全面地　　C．有效地　　D．合理地　　E．正确地

23．导轨面经过表面处理后，局部硬度提高，从而提高了导轨的______。

A．耐磨性　　B．抗变形能力　　C．使用寿命　　D．润滑性能　　E．结合性能

24．______是作为点接触式淬火较好的电极材料。

A．铜　B．淬火钢　C．铝　D．石棉　E．石墨

25．金属切削机床几何精度检查的项目包括______、位置和相互间的运动精度。

A．直径　B．长度　C．表面粗糙度　D．尺寸　E．形状

26．机床几何精度检查一般在______下进行。

A．静态　B．空载状态　C．满负荷状态　D．动态　E．工作状态

27．测量器具误差主要是指______、制造与装调误差以及读数方式误差。

A．温度误差　B．测量力误差　C．原理误差

D．阿贝误差　E．结构误差

28．万能工具显微镜主要用于测量机械工具及零件的______。

A．表面粗糙度值　B．相互位置精度　C．长度尺寸

D．几何形状　E．表面硬度

29．______是动平衡精度的主要表示方法。

A．剩余不平衡力矩　B．偏心速度　C．质量中心偏心距

D．偏心力矩　E．工件重心偏心距

30．在确定噪声的测量位置时，应考虑到______的影响。

A．本底噪声　B．空气扰动　C．近场误差

D．反射声　E．环境温度

五、参考答案

知识试题

（一）判断题

1.√ 2.× 3.√ 4.× 5.× 6.× 7.√ 8.√ 9.√ 10.√
11.× 12.√ 13.× 14.√ 15.√ 16.× 17.√ 18.√ 19.× 20.×
21.× 22.√ 23.× 24.√ 25.× 26.√ 27.√ 28.√ 29.√ 30.×
31.× 32.× 33.√ 34.√ 35.√ 36.√ 37.× 38.× 39.× 40.×
41.√ 42.× 43.√ 44.× 45.√ 46.√ 47.√ 48.× 49.× 50.√
51.× 52.√ 53.× 54.× 55.√ 56.× 57.√ 58.√ 59.× 60.√
61.√ 62.√ 63.× 64.√ 65.× 66.√ 67.√ 68.× 69.√ 70.√
71.× 72.× 73.√ 74.√ 75.√ 76.√ 77.× 78.× 79.√ 80.√
81.√ 82.× 83.× 84.√ 85.√ 86.× 87.√ 88.× 89.√ 90.×
91.√ 92.√ 93.√ 94.× 95.√ 96.× 97.√ 98.√ 99.× 100.√
101.× 102.√ 103.× 104.× 105.√ 106.√ 107.√ 108.× 109.× 110.√
111.× 112.× 113.× 114.√ 115.√ 116.× 117.× 118.√ 119.× 120.√
121.× 122.√ 123.× 124.√ 125.√ 126.√ 127.√ 128.× 129.√ 130.√
131.× 132.× 133.√ 134.√ 135.√ 136.× 137.√ 138.× 139.× 140.√
141.√ 142.× 143.√ 144.× 145.√ 146.× 147.√ 148.√ 149.× 150.×
151.× 152.√ 153.√ 154.√ 155.× 156.√ 157.× 158.√ 159.× 160.×
161.√ 162.× 163.√ 164.× 165.√ 166.× 167.√ 168.× 169.√ 170.√
171.× 172.× 173.√ 174.√

（二）单项选择题

1.B 2.C 3.D 4.A 5.C 6.B 7.A 8.B 9.C 10.D
11.A 12.B 13.D 14.A 15.C 16.A 17.D 18.A 19.B 20.B
21.C 22.D 23.A 24.B 25.C 26.D 27.B 28.C 29.A 30.D
31.A 32.C 33.B 34.D 35.A 36.C 37.B 38.D 39.A 40.C
41.C 42.B 43.A 44.B 45.D 46.C 47.B 48.D 49.A 50.C
51.D 52.A 53.B 54.C 55.A 56.B 57.C 58.D 59.B 60.C
61.A 62.B 63.C 64.D 65.C 66.B 67.C 68.D 69.A 70.B
71.C 72.D 73.A 74.B 75.C 76.D 77.D 78.A 79.C 80.D
81.A 82.C 83.B 84.A 85.B 86.C 87.A 88.C 89.B 90.D
91.C 92.A 93.C 94.A 95.B 96.D 97.B 98.C 99.D 100.A

101.D 102.B 103.C 104.A 105.B 106.C 107.D 108.A 109.A 110.B
111.C 112.D 113.A 114.C 115.B 116.D 117.A 118.B 119.C 120.D
121.A 122.B 123.C 124.D 125.D 126.A 127.B 128.C 129.D 130.A
131.B 132.C 133.D 134.A 135.D 136.B 137.A 138.B 139.D 140.B
141.B 142.D 143.A 144.B 145.C 146.D 147.A 148.C 149.B 150.D
151.A 152.B 153.C 154.D 155.A 156.B 157.C 158.D 159.A 160.B
161.D 162.A 163.B 164.A 165.C 166.B 167.D 168.A 169.C 170.B
171.D 172.D 173.A 174.B 175.C 176.C 177.D 178.A 179.C 180.A
181.B 182.C 183.B 184.D 185.C 186.A 187.B 188.C

（三）多项选择题

1.AB 2.CE 3.BD 4.AB 5.DE 6.AE 7.DE
8.AC 9.BE 10.AB 11.CD 12.AB 13.BD 14.BD
15.BD 16.CE 17.AD 18.AD 19.BD 20.CD 21.AD
22.AB 23.CD 24.AB 25.BD 26.AB 27.BD 28.AB
29.BD 30.BD 31.AB 32.CD 33.BC 34.AB 35.CD
36.AB 37.BC 38.AB 39.CD 40.CD 41.AB 42.BE
43.AC 44.CD 45.BC 46.AB 47.BD 48.CD 49.AB
50.BC 51.AE 52.AB 53.AB 54.CD 55.BD 56.AD
57.AD 58.BD 59.CD 60.AB 61.BC 62.AB 63.CD
64.AC 65.BE 66.AB 67.CE 68.AC 69.BE 70.AE
71.AB 72.CD 73.AB 74.BC 75.AD 76.CD 77.AB
78.BD 79.CD 80.AB 81.BC 82.AD 83.CD 84.AB
85.CD 86.AB 87.BC 88.AD 89.AB 90.DE 91.BC
92.AB 93.BD 94.CD 95.BE 96.AB 97.AD 98.CD
99.AB 100.BC 101.AB 102.BD 103.BD 104.AB 105.CD
106.AB 107.BC 108.CD 109.AB 110.CD 111.AB 112.CD
113.BC 114.AD 115.AB 116.CD 117.AB 118.BC 119.CD
120.AB 121.BD 122.CD 123.AB 124.CD 125.AB 126.BC
127.CD 128.AB 129.CD 130.AB 131.BD 132.AB 133.CD
134.AB 135.BC 136.AD 137.BC 138.AB 139.BE 140.BE
141.AB 142.CD 143.AC 144.CD 145.AB 146.CD 147.AB
148.DE 149.AB 150.BD 151.AB 152.CD

知识考核模拟试卷（一）

（一）判断题

1.√ 2.× 3.× 4.√ 5.√ 6.× 7.√ 8.× 9.√ 10.×
11.× 12.√ 13.√ 14.× 15.× 16.√ 17.√ 18.× 19.√ 20.√

21.× 22.√ 23.× 24.√ 25.× 26.√ 27.× 28.√ 29.√ 30.×

(二) 单项选择题

1.B 2.C 3.D 4.A 5.B 6.C 7.D 8.A 9.B 10.C
11.D 12.A 13.B 14.C 15.D 16.A 17.B 18.C 19.D 20.A
21.A 22.B 23.C 24.D 25.A 26.B 27.C 28.D 29.A 30.D
31.C 32.B 33.C 34.A 35.B 36.C 37.D 38.B 39.C 40.D

(三) 多项选择题

1.AB 2.DE 3.BD 4.AD 5.AB 6.CD 7.BE
8.AD 9.BD 10.AB 11.CD 12.BE 13.AB 14.DE
15.AB 16.DE 17.BD 18.AE 19.DE 20.AB 21.DE
22.AD 23.AB 24.DE 25.AB 26.BD 27.AE 28.DE
29.AB 30.DE

知识考核模拟试卷(二)

(一) 判断题

1.× 2.× 3.√ 4.√ 5.× 6.× 7.√ 8.× 9.√ 10.√
11.× 12.× 13.√ 14.√ 15.× 16.√ 17.× 18.× 19.√ 20.√
21.× 22.√ 23.× 24.× 25.√ 26.√ 27.√ 28.× 29.× 30.√

(二) 单项选择题

1.B 2.A 3.C 4.D 5.A 6.B 7.C 8.D 9.A 10.B
11.C 12.D 13.A 14.B 15.C 16.A 17.B 18.D 19.C 20.A
21.B 22.C 23.A 24.D 25.B 26.C 27.A 28.B 29.C 30.D
31.A 32.B 33.D 34.C 35.A 36.B 37.C 38.D 39.A 40.B

(三) 多项选择题

1.AB 2.CD 3.BC 4.AE 5.AB 6.CD 7.AB
8.CD 9.AC 10.DE 11.AB 12.AC 13.BC 14.CD
15.AB 16.BC 17.AB 18.CD 19.AB 20.DE 21.AB
22.DE 23.AC 24.AE 25.DE 26.AB 27.CD 28.CD
29.AB 30.CD